Halil Atalay
Turhan Çoban

Soğutucu Akışkanların Termodinamik ve Termofiziksel Modellenmesi

Halil Atalay
Turhan Çoban

Soğutucu Akışkanların Termodinamik ve Termofiziksel Modellenmesi

Türkiye Alim Kitapları

Impressum / Yayınevi adı
Bibliografische Information der Deutschen Nationalbibliothek: Die Deutsche Nationalbibliothek verzeichnet diese Publikation in der Deutschen Nationalbibliografie; detaillierte bibliografische Daten sind im Internet über http://dnb.d-nb.de abrufbar.
Alle in diesem Buch genannten Marken und Produktnamen unterliegen warenzeichen-, marken- oder patentrechtlichem Schutz bzw. sind Warenzeichen oder eingetragene Warenzeichen der jeweiligen Inhaber. Die Wiedergabe von Marken, Produktnamen, Gebrauchsnamen, Handelsnamen, Warenbezeichnungen u.s.w. in diesem Werk berechtigt auch ohne besondere Kennzeichnung nicht zu der Annahme, dass solche Namen im Sinne der Warenzeichen- und Markenschutzgesetzgebung als frei zu betrachten wären und daher von jedermann benutzt werden dürften.

Deutsche Nationalbibliothek tarafından yayınlanan bibliyografik bilgiler: Deutsche Nationalbibliothek, bu yayını Deutsche Nationalbibliografie'de listeler; detaylı bibliyografik bilgi İnternet'te http://dnb.d-nb.de sitesinde mevcuttur.
Bu kitapta bahsedilen herhangi bir marka ve ürün adı, tescilli marka, marka veya patent korumasına tabidir ve ilgili sahiplerin ticari veya tescilli markalarıdır. Marka, ürün, ortak ve ticari adların, ürün açıklamalarının v.s. işbu eserde özel işaretleme olmadan bile kullanılması, bu çeşit adların, tescilli marka ve marka korunması kanunu açısından kısıtlanmamış ve böylece herkes tarafından kullanılabilir olarak hiç bir şekilde yorumlanamaz.

Coverbild / Kitap kapağı resmi: www.ingimage.com

Verlag / Yayıncı:
Türkiye Alim Kitapları
ist ein Imprint der / yayınevinin bir ticari markasıdır
OmniScriptum GmbH & Co. KG
Heinrich-Böcking-Str. 6-8, 66121 Saarbrücken, Deutschland / Almanya
Email / E-posta: info@turkiye-alim-kitaplary.com

Herstellung: siehe letzte Seite /
Basım yeri: son sayfaya bakın
ISBN: 978-3-639-67167-4

Soğutucu Akışkanların Termodinamik ve Termofiziksel Modellenmesi

Halil Atalay, M. Turhan Çoban

ÖZET

Günümüzde değişik alternatif soğutucu akışkanlar (soğutkanlar) soğutma sistemlerinde kullanılmaktadır. Bu soğutucu akışkanlardan bazıları saf halde bulunmakta bazıları da birden fazla saf soğutucu akışkanın belirli yüzdelerle karıştırılmasıyla oluşturulmaktadır. Bu tez çalışmasında, soğutucu akışkanların doyma bölgesinde kübik şerit interpolasyonu ile eğri uydurularak, sıvı bölgesi ve kızgın buhar bölgesinde ise gerçek gaz hal denklemleri kullanılarak termodinamik özelliklerini hesaplayan java programlama dilinde yazılmış bir model geliştirilmiştir. Ayrıca, doyma bölgesinde yine kübik şerit interpolasyonu ile eğri uydurularak soğutucu akışkanların termofiziksel özellikleri de hesaplanmaktadır. Soğutucu akışkanların sıvı ve kızgın buhar bölgelerinde termodinamik özelliklerinin hesaplanmasını sağlayan gerçek gaz hal denklemleri olarak RefISO17584 Hal Denklemi, Martin- Hou Hal Denklemi, Benedict-Webb-Rubin Hal Denklemi, Peng-Robinson-Stryjek-Vera Hal Denklemi, Helmholtz Hal Denklemi, Japon Soğutma Derneği Hal Denklemi ve R.D. Goodwin tarafından geliştirilen gerçek gaz hal denklemi kullanılmıştır. Bu çalışmada hal denklemleri, kübik şerit interpolasyonu denklemleri ve modelleme detayları sunulmuştur. Geliştirilen bu modelleme ile soğutucu akışkanların termodinamik özellikleri çok küçük hata oranları ile hesaplanabilmektedir.

Ayrıca, bu çalışmada geliştirmiş olduğumuz refrigerant. java programı esas alınarak soğutucu akışkanların çevrimlerini hesaplayan sogutmacevrimi1.java adı altında bir program geliştirilmiştir.

Anahtar Kelimeler: Soğutucu akışkanlar, Termodinamik özellikler, Soğutma, Termofiziksel özellikler, Hal Denklemleri, Soğutma Çevrimi, Gazlar ...

ABSTRACT

A variety of refrigerants are utilised in refrigeration systems. Some of these refrigerants are pure and some of these are made by mixing of two or more pure refrigerants with a predetermined percentages. In this thesis work, a simulation model is prepared by using java programming language. In this model saturation properties are calculated through cubic spline curve fitting of the table values. Liquid and vapor regions are calculated by using real gas equation of states such as ISO17584:2005 Equation of State, Martin-Hou Equation Of State, Benedict Webb Rubin Equation of State, Peng-Robinson-Strajek-Vera Equation of State, Japan Cooling Association Equation of State, Helmholtz Equation of State, R. D. Goodwin Equation of State . Also, refrigerant thermophysical properties in saturation regions are calculated through cubic spline curve fitting of the table values. Thanks to the devoloping model, refrigerants thermodynamic properties can be calculated with very low error rates.

Besides, in this work , a programme which name is sogutmacevrimi1.java is devoloped to work according to refrigerant.java programme because of calculating cooling cycles of refrigerants.

Keywords: Refrigerants, Thermodynamic Properties, Cooling, Thermophysical Properties, Equation Of States, Cooling Cycle, Gases ...

TEŞEKKÜR

Bu çalışmanın gerçekleşmesinde benden desteklerini esirgemeyen değerli hocam Yrd. Doç. Dr. M. Turhan Çoban'a ve her zaman yanımda olan aileme ve arkadaşlarıma teşekkürlerimi bir borç bilirim.

İÇİNDEKİLER

Sayfa

Özet .... İİ

Abstract .... İİİ

Teşekkür .... İV

Şekiller Dizini .... Xİ

Tablolar Dizini .... XİİI

Simgeler ve Kısaltmalar Dizini .... XVİ

1. Giriş 1

2. Soğutucu Akışkanlar (Soğutkanlar) Hakkında Temel Bilgiler 4

2.1 Soğutucu Akışkanlarda Aranan Özellikler 7

2.1.1 Soğutucu akışkan grupları 8

2.1.1.1 Kloroflorokarbonlar (CFC) 8

2.1.1.2 Hidrokloroflorokarbonlar (HCFC) 9

2.1.1.3 Hidrokloroflorokarbonlar (HFC) 9

2.1.1.4 Karışım ve inorganik soğutucular 10

2.1.1.5 Altenrnatif soğutucu akışkan karışımları 10

2.1.1.6 CFC'li sistemlerin HCF'li sisteme dönüştürülmesi 11

2.1.2 Temel soğutucu akışkanlar 12

İÇİNDEKİLER (devam)

Sayfa

2.1.2.1 R12 (CCl_2F_2) 12

2.1.2.2 R22($CHClF_2$) 13

2.1.2.3 R123 ($CHCl_2CF_3$) 14

2.1.2.4 R134a (CF_2CH_2F) 14

2.1.2.5 R143a (CF_3CH_3) 14

2.1.2.6 R125 (CF_3CHF_2) 15

2.1.2.7 R152a ($C_2H_4F_2$) 15

2.1.2.8 R401A (R22/R124/R152a)....15

2.1.2.9 R402A (R22/R125/R290) 15

2.1.2.10 R404A (R125/R134a/R143a)....16

2.1.2.11 R407C (R32/R125/R134a)....16

2.1.2.12 R410A (R32/R125) 16

2.1.2.13 R507A(R125/R143a) 16

2.1.2.14 R717 (NH_3) 16

2.1.2.15 R728 (N_2) 17

2.1.2.16 R744 (CO_2) 18

2.1.2.17 R702(H_2) 19

2.1.2.18 R732(O_2) 20

İÇİNDEKİLER (devam)

Sayfa

2.1.2.19 R740(Ar) 20

2.1.2.20 R704(He) 21

2.1.2.21 R50(CH_4) 22

2.1.2.22 R290(C_3H_8) 22

2.1.2.23 R600 (C_4H_{10}) 23

2.1.2.24 R600a($CH(CH_3)_3$) 23

2.1.2.25 R170(C_2H_6) 23

2.1.2.26 R720(Ne) 24

2.1.2.27 R718(H_2O) 24

2.1.2.28 R1150(C_2H_4) 24

2.1.2.29 R23 (Trifluoromethane) 25

2.1.2.30 R124(Chlorotetrafluoroethane) 25

İÇİNDEKİLER (devam)

Sayfa

2.1.2.31 R142b ($CClF_2CH_3$) 25

2.1.2.32 R1270(Propylene) 26

2.1.2.33 R402B(R125/R290/R22) 26

2.1.2.34 R401B(R22/R152a/R124) 26

2.1.2.35 R508B(CHF_3/CF_3) 26

2.1.2.36 R32(Difluoromethane) 27

3. Temel Termodinamik Bağıntılar 27

3.1 Maxwell ve Classius -Clapeyron Bağıntıları 30

3.2 Soğutucu Akışkanlar için Gerçek Gaz Hal Denklemleri 30

3.2.1 ISO17584:2005 (E) Helmholtz hal denklemi 30

3.2.2 Martin-Hou hal denklemi 38

3.2.3 Benedict-Webb- Rubin hal denklemi 42

İÇİNDEKİLER (devam)

Sayfa

3.2.4 Peng-Robinson-Stryjek-Vera hal denklemi 49

3.2.5 Japon Soğutma Derneği hal denklemi 52

3.2.6 Su buharı ve amonyak için geliştirilen Helmholtz hal denklemi 57

3.2.7 R.D.Goodwin tarafından geliştirilen hal denklemi 66

4.Soğutucu Akışkanların Termodinamik Özelliklerinin Hesaplanması 68

4.1 Soğutucu Akışkanların Termodinamik ve Termofiziksel Özelliklerinin Doyma Bölgesi için Hesaplanması 68

4.1.1. Doyma değerlerinin hesaplanmasında kullanılan kübik şerit interpolasyon denklemleri 69

4.1.2 Denklemlerin T,V (veya ρ) dışındaki termodinamik çiftler için çözülmesi(kök bulma yöntemleri) 71

4.1.2.1 İkiye bölme yöntemi (Bisection metodu) 72

4.1.2.2 Yer değiştirme yöntemi (False Position metodu) 73

4.1.2.3 Müller yöntemi 73

4.1.2.4 Newton-Raphson yöntemi 75

İÇİNDEKİLER (devam)

Sayfa

4.1.2.5 Kiriş yöntemi (Secant metodu) ... 76

4.1.2.6 Aitken extrapolasyon düzeltmeli Newton-Raphson yöntemi ... 78

4.1.2.7 İkinci türevli Newton-Raphson metodu ... 79

4.1.2.8 İkinci derece ters Lagrange İnterpolasyon yöntemi ... 79

4.1.2.9 Brent kök bulma metodu ... 81

4.1 2.10 Ridder metodu ... 81

4.1.3 Ref_CS3.java programı kullanılarak soğutucu akışkanların doyma değerlerinin hesaplanması ... 82

4.2 Soğutucu akışkanların termodinamik özelliklerinin sıvı ve kızgın buhar bölgesi için hesaplanması ... 86

4.2.1 refrigerant.java programı ile soğutucu akışkanların sıvı ve kızgın buhar bölgesinde termodinamik özelliklerinin hesaplanması ... 86

4.2.2 sogutmacevrimi1.java programı ile soğutucu akışkanların soğutma çevrimlerinin hesaplanması ... 101

5. Sonuçlar ... 106

6. Öneriler ... 107

Kaynaklar Dizini ... 108

Özgeçmiş ... 111

ŞEKİLLER DİZİNİ

Şekil Sayfa

2.1 $C_2H_3FCl_2$ molekülünün şematik gösterimi 5

4.1 İkiye bölme yönteminin uygulanmasının grafiği 72

4.2 Yer değiştirme yönteminin uygulanmasının grafiği 73

4.3 Müller yönteminin grafik olarak gösterilmesi 74

4.4 Newton-Raphson yönetiminin grafik olarak gösterilmesi 76

4.5 Kiriş yöntemi yakınsamasının grafiksel gösterimi 77

4.6 İkinci derece ters lagrange interpolasyon yönteminde bilgi seçimi 80

4.7 R134a soğutucu akışkanı için ref_CS_Table3.java programında doyma değerlerinin hesaplanması 86

4.8 RefTable.java programı tx tablosu (doymuş sıvı) 89

4.9 RefTable.java programı tx tablosu (doymuş buhar) 90

4.10 Reftable.java programı tp tablosu (pt tablosu) 91

4.10 Reftable.java programı tv tablosu (vt tablosu) (doymuş buhar) 92

4.11 RefTable.java programı th tablosu (doymuş buhar) 93

4.12 Reftable.java programı tu tablosu (doymuş buhar) 94

4.13 Reftable.java programı ts tablosu (doymuş buhar) 95

4.14 RefTable.java programı px tablosu (doymuş sıvı) 96

4.15 RefTable.java programı px tablosu (doymul buhar) 97

4.16 RefTable.java programı pv tablosu (vp tablosu) (doymuş buhar). 98

ŞEKİLLER DİZİNİ (devam)

Şekil Sayfa

4.17 RefTable .java programı ph tablosu (doymuş buhar)................................... 99

4.18 RefTable .java programı pu tablosu (doymuş buhar)................................ 100

4.19 RefTable .java programı ps tablosu (doymuş buhar)................................ 101

4.20 sogutmacevrimi1. java programı arayüz çıktısı veri giriş değerleri........... 102

4.21 sogutmacevrimi1. java programı arayüz çıktısı tablo değerleri................. 103

4.22 sogutmacevrimi1. java programı arayüz çıktısı basınç-entalpi (p-h) diyagramı.. 104

4.23 sogutmacevrimi1. java programı arayüz çıktısı sıcaklık-entropi(t-s) diyagramı.. 105

TABLOLAR DİZİNİ

Tablo Sayfa

3.2.1-1 R744 soğutucu akışkanı için ISO17584 denklem katsayıları 35

3.2.1-2 R744 soğutucu akışkanı için ISO17584 denklem katsayıları 36

3.2.1-3 R744 soğutucu akışkanı için ISO17584 denklemi kritik bölge katsayıları 37

3.2.2-1 R23 soğutucu akışkanı için Martin- Hou denklemi Ai, Bi , Ci katsayıları 39

3.2.2-2 R23 soğutucu akışkanı için Martin-Hou denklemi doymuş akışkan sıcaklık-basınç fonksiyonu katsayıları 40

3.2.2-3 R23 soğutucu akışkanı için Martin-Hou denklemi ideal gaz özgül ısı fonksiyonu katsayıları 40

3.2.2-4 R23 soğutucu akışkanı için Martin- Hou denklemi doymuş sıvı yoğunluğu katsayıları 41

3.2.2-5 R23 soğutucu akışkanı için Martin-Hou denklemi doymuş buhar yoğunluğu katsayıları 42

3.2.3-1 BWR denklem fonksiyonları 43

3.2.3-2 R124 soğutucu akışkanı için b_i denklem katsayıları 44

TABLOLAR DİZİNİ(devamı)

Tablo Sayfa

3.2.3-3 R124 soğutucu akışkanı için diğer fiziksel özellikler 45

3.2.3-4 BWR denkleminde kullanılan sabit değerler 45

3.2.3-5 R124 soğutucu akışkanı için (3.60) denklemi doymuş akışkan doymuş akışkan sıcaklık-basınç fonksiyonu katsayıları 46

3.2.3-6 R124 soğutucu akışkanı için BWR denklemi doymuş sıvı yoğunluğu fonksiyonu katsayıları 47

3.2.3-7 R1270 soğutucu akışkanı için Ni katsayıları 48

3.2.3-8 R1270 soğutucu akışkanı için Ci katsayıları 49

3.2.4-1 R402A soğutucu akışkanı komponent değerleri 51

3.2.4-2 R402A soğutucu akışkanı Cp_i denkleminde yer alan Ai, Bi, Ci, Di, Ei, Fi katsayıları 51

3.2.5-1 R22 soğutucu akışkanı için Ai katsayıları 53

3.2.5-2 R22 soğutucu akışkanı için Bi katsayıları 54

TABLOLAR DİZİNİ(devamı)

Tablo Sayfa

3.2.5-3 R22 soğutucu akışkanı için Ci katsayıları 55

3.2.5-4 R22 soğutucu akışkanı için Di katsayıları 55

3.2.5-5 R22 soğutucu akışkanı için Ei katsayıları 56

3.2.6-1 Su buharı için Helmholtz serbest enerjisi hal denklemi A(T, ρ) katsayıları 59

3.2.6-2 Su buharı için Helmholtz serbest enerjisi hal denklemi katsayıları 60

3.2.6-3 Su buharı için buhar doyma eğrileri katsayıları 61

3.2.6-4 Amonyak soğutucu akışkanı için Aij katsayıları 62

3.2.6-5 Amonyak soğutucu akışkanı için Ci katsayıları 64

Simgeler ve KISALTMALAR DİZİNİ

<u>Simgeler</u>	<u>Açıklama</u>
T:	sıcaklık (K)
t:	sıcaklık (C)
p:	basınç (kPa)
v:	özgül hacim (m^3/kg)
ρ:	yoğunluk (kg/m^3)
h :	entalpi (kj/kg)
u:	iç enerji (kj/kg)
s:	entropi (kj/kg K)
vg:	doymuş buhar özgül hacim değeri (m^3/kg)
vf:	doymuş sıvı özgül hacim değeri(m^3/kg)
hg :	doymuş buhar entalpisi (kj/kg)
h_f:	doymuş sıvı entalpisi (kj/kg)
u_g :	doymuş buhar iç enerji değeri (kj/kg)
u_f:	doymuş sıvı iç enerji değeri (kj/kg)
s_g :	doymuş buhar entropisi (kj/kg K)
s_f:	doymuş sıvı entropisi (kj/kg K)
ρ_g:	doymuş buhar yoğunluğu (kg/m^3)
ρ_f:	doymuş sıvı yoğunluğu (kg/m^3)
τ:	boyutsuz sıcaklık parametresi (T*/T)
T*	sıcaklık için normalizasyon faktörü
δ:	boyutsuz yoğunluk parametresi (ρ/ρ^*)
ρ^*	yoğunluk için normalizasyon faktörü

Simgeler ve KISALTMALAR DİZİNİ(Devamı)

Simgeler	**Açıklama**
R:	gaz sabiti (kj/kmol K)
Cv:	sabit hacimde özgül ısı değeri(kj/kmol K)
Cp:	sabit basınçta özgül ısı değeri (kj/kmol K)
A:	Helmholtz enerji fonksiyonu
g:	Gibbs serbest enerjisi
href:	referans entalpi değeri (kj/kg)
sref:	referans entropi değeri (kj/kg K)
Pref:	referans basınç değeri (kPa)
Tref:	referans sıcaklık değeri (K)
Tc:	kritik sıcaklık (K)
Pc:	kritik basınç (kPa)
ρc:	kritik yoğunluk (kg/m^3)
vc:	kritik özgül hacim (m^3/kg)
Tcrit:	kritik sıcaklık (K)
Pcrit:	kritik basınç (kPa)
ρcrit:	kritik yoğunluk (kg/m^3)
vcrit:	kritik özgül hacim (m^3/kg)
M:	moleküler ağırlık (kmol/kg)
f1:	ISO17584 hal denkleminde kullanılan ideal gaz parametresi

Simgeler ve KISALTMALAR DİZİNİ(Devamı)

Simgeler	Açıklama
f2:	ISO17584 hal denkleminde kullanılan ideal gaz parametresi
f3:	ISO17584 karışım hal denk. kullanılan ideal gaz parametresi
f4:	ISO17584 karışım hal denk. kullanılan ideal gaz parametresi
xi:	ISO17584 karışım hal denk. kullanılan mol değeri
xj:	ISO17584 karışım hal denk. kullanılan mol değeri
ϕ_r :	ISO17584 hal denklemi gerçek gaz terimi
ϕ_{id} :	ISO17584 hal denklemi ideal gaz terimi
ϕ_{crit} :	ISO17584 hal denklemi kritik gaz terimi
$\phi_{mix,id}$:	ISO17584 hal denklemi ideal karışım gaz terimi
$\phi_{mix,r}$:	ISO17584 hal denklemi gerçek karışım gaz terimi
ξ_{ij} :	moleküler çekimden doğan ikili katsayı (yoğunluk için)
ζ_{ij} :	moleküler çekimden doğan ikili katsayı(sıcaklık için)
Fij:	ISO17584 hal denklemi karışım oranları parametresi
Ps/Psat:	saturasyon basıncı (kPa)
Ts:	saturasyon sıcaklığı(K)
A_{id}:	Helmholtz hal denklemi ideal gaz terimi

Simgeler ve KISALTMALAR DİZİNİ(Devamı)

Simgeler	**Açıklama**
A_r:	Helmholtz hal denklemi gerçek gaz terimi

GİRİŞ

Günümüzde enerji sistemlerinin analizlerinde bilgisayar sistemlerinden yoğun olarak faydalanılmaktadır. Enerji sistemlerinin en temel özellikleri gazların termodinamik ve termo-fiziksel özellikleridir. Bu özelliklerin bilgisayar ortamında oluşturulabilmesi için temel gaz denklemlerini ve kullanımlarını, bilgisayar ortamına aktarma yöntemlerini iyi bilerek oluşturmak gerekmektedir.

Bu çalışmada , soğutucu akışkanların termodinamik ve termofiziksel özellikleri, doyma bölgesinde kübik şerit interpolasyonu ile eğri uydurularak, sıvı ve kızgın buhar bölgesinde ise temel termodinamik bağıntılar ve gerçek gaz hal denklemleri kullanılarak java programlama dilinde geliştirilen refrigerant.java programı ile nasıl hesaplandığı üzerinde durulmuştur. Ayrıca, refrigerant.java programı esas alınarak geliştirilen sogutmacevrimi1. java programı ile de soğutucu akışkanların çevrimlerinin nasıl hesaplandığı gösterilmiştir.

Bu çalışmada geliştirmiş olduğumuz refrigerant.java programı ve bu program esas alınarak geliştirilen diğer tüm programlar logP-h sistemi ile çalıştırılmaktadır.

Soğutucu akışkanların termodinamik ve termofiziksel özelliklerini ve çevrimlerini hesaplayan bazı programlar geliştirilmiştir. Bu programlardan en çok kullanılanlar arasında REFPROP, DUPREX 3.2 , Solkane 4.0, Coolpack, KLEACALC 5.0 Software ve Coolpack'in alt bir parçası olarak geliştirilen EESCoolTools Software sayılabilir. Bu programların temel özellikleri aşağıda verilmektedir:

REFPROP, NIST(National Institute of Standards and Technology) tarafından geliştirilen ve soğutucu akışkanların termodinamik ve transport özellikleri ile teorik çevrimlerini SI ve ENG standartlarına göre hesaplayan ve dünya çapında yaygın olarak kullanılan bir programdır.

DUPREX 3.2, Dupont tarafından özel olarak geliştirilen ve soğutucu akışkanların termodinamik ve transport özelliklerini ve teorik çevrimlerini SI ve ENG standartlarına göre hesaplamaya yarayan programdır.Bu programın sağlamış olduğu avantajlardan bazıları aşağıda yer almaktadır:

1) Soğutucu akışkanların tanımlanmış doyma değerlerini, doymuş sıvı-buhar karışımı, sıvı ve kızgın buhar fazlarında termodinamik ve transport özelliklerinin ve teorik çevriminin çabuk ve kolay bir şekilde hesaplanmasını sağlamak.

2) Güçlü bir sistem analizinin yapılmasına olanak sağlamak.

3) Soğutma çevriminde kompresör etkinliğini, ısı değiştiricisindeki basınç düşümünü vb. özelliklerin de hesaplanmasını sağlamak.

4)Teorik çevrim hesaplamalarını içeren çevrim özelliklerinin ve gerekli dataların elde edilmesine yardımcı olmak.

Solkane 4.0, R134a, R404A, R407C, R410A gibi alternatif soğutucu akışkanların entalpi, entropi ve spesifik hacim gibi termodinamik özelliklerini farklı data teknikleri kullanarak hesaplayan bir programdır.(Anonim , 2002). Termodinamik özelliklerin hesaplanmasını sağlayan data teknikleri aşağıda yer almaktadır:

LR(Linear Regression)

MLP(Multi Layer Perception)

SMO(Self-Organizing Maps)

PR(Pace Regression)

SVMReg(Support Vector Machine Regression)

KStar

AR(Additive Regression)

RD(Regression of Discritization)

MS(Model Tree Algorithm)

Reptree

DT(Decision Table)

MSRules

KLEACALC 5.0 Software, ICA KLEA Firması tarafından 2002 yılında soğutucu akışkanların termodinamik ve termofiziksel özelliklerinin ve soğutma çevrimi üzerindeki değerlerin (sıkıştırma oranı, kütle debisi, hacimsel kapasite vb.) hesaplanmasını sağlamak amacıyla geliştirilmiştir.

Coolpack, 1985 yılında Danimarka Teknik Üniversitesi Enerji Mühendisliği ve Makine Mühendisliği bölümleri tarafından geliştirilen ve Syssim adı verilen bir projenin parçası olarak ortaya çıkmıştır. Bu proje Danimarka Enerji Ajansı tarafından finanse edilmiştir. Bu program , soğutucu akışkanların termodinamik ve termo-fiziksel özelliklerinin hesaplanmasında, soğutucu akışkanların çevrim analizlerinin yapılmasında, soğutma sistemlerinin boyutlandırılmasında, soğutma sistemlerinin simülasyonlarının yapılmasında, soğutucu akışkan bileşenlerinin hesaplanmasında, soğutucu akışkanların çalışma koşullarının analizinde kullanılmakta olup log P-h ile çalışan bir sistemdir.

Coolpack , soğutucu akışkanlar ile ilgili simülasyon programlarının bir toplamıdır. Coolpack programının soğutucu altyapı hizmetleri olarak ilk versiyonu 1995 yılında yayınlanmıştır ve bu program yeni soğutucu akışkanların ilave edilmesiyle sürekli güncellenmektedir.

EESCoolTools, soğutucu akışkanların altyapı hizmetlerinden biri olan bu program EES(mühendislik eşitliklerinin çözümü, by S.A.Klein , F.L. Alvarado), Cool (Soğutucu Akışkanların Özellikleri), Tools(Sistem Dizaynı ve Enerji Analizleri) olmak üzere üç ayrı kelimeden oluşmaktadır. Bu program da, Mart 1995'te Coolpack programının bir parçası olarak resmen kabul edilmiştir.

2. Soğutucu Akışkanlar(Soğutkanlar) Hakkında Temel Bilgiler:

Soğutma Makinalarını ilk dizayn eden araştırıcılar, 1834 de John Perkins ve 19 yüzyıldaki diğerleri önce etil eteri (R-610) soğutucu akışkan (Bundan sonra soğutkan olarak adlandıracağız) olarak kullanmışlardır. Etil éter tehlikeli bir kimyasal olmasının ötesinde oldukça büyük kompresör hacimlerine ihtiyaç duyuyordu. Bu yüzden daha işin başında yeni soğutkan arayışları başlamıştır. Çok kısa bir sürede diğer soğutkanlar, Amonyak(-717), karbondioksit(R-744), etil KLORÜR (R-160), izobütan (R-600[a]), metik KLORÜR(R-40), Metilen KLORÜR(R-30) sülfür dioksit (R764) ve hava(R-729) kullanıma girdi. Bunların arasında Amonyak, sülfür dioksit ve carbondioksit göreceli olarak daha başarılı oldu. Daha sonraki yıllarda çok çeşitli kimyasallar soğutkan olarak denendiler.

1930'larda kloro-florocarbonlar (suni olarak fabrikada oluşturulan bir kimyasal ailesi) soğutkan alanında bir devrim yarattı. Floro-kloro carbón grubu hiçbir zehirli etki vermemesinin yanında kimyasal reaksyonlara girme konusunda da oldukça pasif davranıyordu. İçindeki hidrokarbonlardaki klor bağlarının yerine bağlanan klor ve flor atomlarının yerlerinden ayrılması için gerekli enerji yüksekti. Bu yüzden de hemn hemen hiç kimyasal reaksiyona girmiyorlardı. Bu özelliklerinden dolayı çok geçmeden izolasyon köpüklerini şişirme, aeresol şişelerinde basınç sağlayıcı gibi birçok ek işte de görev aldılar ve 1950'li yıllarda yoğun bir kullanıma ulaştılar. Kullanımlarıyla ilgili en önemli argüman reaksiyona girmedikleri için çevreye hiç bir zararlarının olmamasıydı. Daha sonra Bu kimyasalların atmosferin üst tabakalarında, Stratosferde, bulunan ozon gazıyla reaksiyona girip bu gazı Oksijene çevirdiği anlaşıldı. Bu reaksiyon aynı zamanda zincrleme etkiye sebep olduğundan her molekül çok sayıda ozon molekülünün yok olmsına yol açıyordu. Stratosferdeki Ozon gazı güneşten gelen yüksek enerjili ultraviole (mor ötesi) ışınımı emerek alt katmanlarda yaşayan canlıları bu ışınlardan koruyordu. Mor ötesi ışınlar canlıların DNA moleküllerini parçalama ve kanser oluşturma riskini taşırlar. Bilim adamlarından geln uyarılar, ozon tabakası kalınlığındaki ölçümlerle birleştiğinde bunun çok ciddi bir problema olduğu anlaşıldı. 1987 yılında Avrupa birliği ve 24 ulus Ozon tabakasını tahrip eden kimyasalların üretim denetimi ve yasaklanması için Monreal-Kanada'da bir anlaşma imzaladılar. Bu anlaşma bir anlamda tüm soğutma endüstrisi için bir dönüm noktası olmuştur. Günümüzde daha önce kullanımda olan en tehlikeli bazı CFC'ler tamamen yasaklanmış olup diğerleri de yasaklanma takviminde yer almaktadırlar.

Temel olarak soğutkanları Kloro-Floro Karbon gurubu Soğutkanlar, Hidrokarbon gurubu soğutkanlar, zeotropik karışımlar (kaynama başlama ve bitme sıcaklıkları değişik olan) , azeotropik karışımlar (kaynama ve bitme sıcaklıkları saf sıvılardaki gibi aynı olan) olarak ayırabiliriz. Aynı zamanda doğal (doğada bulunan) soğutkanlar, yapay soğutkanlar diye de bir gruplandırma yapmamız mümkündür. Soğutma endüstrisinde temel soğutma hesaplarını yapabilmek için bize bu soğutkanların termodinamik ve termofiziksel özellikleri(vizkozite, ısıl iletkenlik, yüzey gerilimi...) gerekebilir.

Soğutkanları kimyasal formülleri soğutkan adlarında verilmiştir. Bir soğutkanım kimyasal formülünü elde etmek için soğutkan numarasına 90 eklemek gerekir. Örneğin R_141b nin kimyasal formülünü bilmek istersek 141+90=231 rakamını elde ederiz. Bunun anlamı 2 C (Karbon) , 3 H(Hidrojen) ve 1 F(Flor) atomu olduğudur. Ancak Formülde Cl(Klor) atomu sayısı direk olarak verilmemiştir. Ancak formül C atomu bağlarının doymuş bağlar olduğunu Kabul eder. Örneğimizde 2 karbon atomu olduğundan toplam 6 tane bağ mevcutur. Bu bağlardan hidrojen 3, flor 1bağ kullandığı için Cl için kalan bağ sayısı 2 dir. Öyleyse molekülümüz $C_2H_3FCl_2$ molekülüdür.

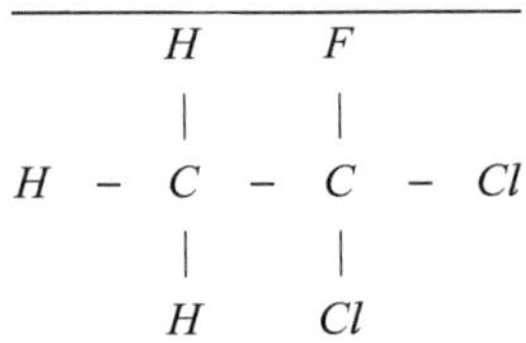

```
      H     F
      |     |
H  -  C  -  C  -  Cl
      |     |
      H     Cl
```

Şekil 2.1 $C_2H_3FCl_2$ molekülünün şematik gösterimi

Bu soğutkanlardan bir kısmının doyma bölgesi termofiziksel özellikleri tablolar halinde verilmiştir. Aynı soğutkanların termofiziksel özellikleri bilgisayar programı olarak da sizlere sunulmuştur. Bu soğutkanlar ve grupları aşağıdaki listedeki gibidir.

Kloro-Floro Karbon gurubu Soğutkanlar

Metan serisi

R-12 (dichlorodifluoromethane)
R-22 (chlorodifluoromethane)
R-23 (trifluoromethane)

Etan Serisi Soğutkanlar

R-123 (2,2-dichloro-1,1,1-trifluoroethane)
R-124 (2-chloro-1,1,1,2-tetrafluoroethane)
R-125 (pentafluoroethane)
R-134a (1,1,1,2-tetrafluoroethane)
R-143a (1,1,1-trifluoroethane)
R-152a (1,1-difluoroethane)

Zeotropic karışımlar (% kütle oranı)

R-404A [R-125/143a/134a (44/52/4)]
R-407C [R-32/125/134a (23/25/52)]
R-410A [R-32/125 (50/50)]

Azeotropik karışımlar

R-507A [R-125/143a (50/50)]

İnorganik Soğutucu Akışkanlar

R-717 (amonyak)

R-718 (su/buhar)

R-744 (carbondioksit)

Hidrokarbon gurubu

R-50 (metan)

R-170 (etan)

R-290 (propan)

R-600 (n-butan)

R-600a (izobutan)

R-1150 (etilen)

R-1270 (propilen)

Kryojenic (çok düşük sıcaklık) Soğutucu Akışkanlar

R-702 (normal hydrogen)

R-704 (helium)

R-728 (nitrogen)

R-732 (oxygen)

R-740 (argon)

1.1 Soğutucu Akışkanlarda Aranan Özellikler

1.Pozitif buharlaşma basıncı değerine sahip olmalıdır.Hava sızmasını, dolayısıyla havanın getirdiği su buharının soğuk kısımlarda katılaşarak işletme aksaklıklarına meydan vermesini önlemek için buharlaşma basıncının çevre basıncından bir miktar fazla olması gerekir.

2.Düşük yoğuşma basıncı olmalıdır.Yüksek basınca dayanıklı kompresör, kondenser , boru hattı gibi tesisata sahip olmalıdır.

3.Buharlaşma gizli ısısı yüksek olmalıdır.Buharlaşma gizli ısısı ne kadar yüksek olursa sistemde o oranda soğutucu akışkan kullanılacaktır.

4.Kimyasal olarak aktif olmamalıdır. Tesisat malzemesini etkilememesi, korozif olmaması , yağlama yağının özelliğini değiştirmemesi gerekir.

5. Yanıcı, patlayıcı ve zehirli olmamalıdır.

6. Kaçakların kolay tespitine imkan veren özellikte olmalıdır.

7. Ucuz olmalıdır.

8. Isı geçirgenlik katsayısı yüksek olmalıdır.

9. Dielektrik olmalıdır.

10. Düşük donma derecesi sıcaklığı olmalıdır.

11. Yüksek kritik sıcaklığı olmalıdır.

12. Özgül hacmi küçük olmalıdır.

13. Viskozitesi düşük olmalıdır.

Yukarıdaki özelliklerin hepsine sahip soğutucu akışkan bulunamamış ve duruma göre özelliklerin bazılarından vazgeçilmiştir.Verilmiş buharlaşma ve yoğuşma sıcaklıkları için gerçek çevrim soğutma etkinliği soğutma devresinde kullanılan akışkanın cinsine bağlıdır.Akışkan seçiminde bu etken ayrıca göz önünde bulundurulmalıdır.Soğutucu akışkanın suda erime durumu da gözden uzak tutulmamalıdır.

2.1.1 Soğutucu Akışkan Grupları

2.1.1.1. Kloroflorokarbon (CFC)

Karbon yörüngesindeki hidrojen atomları tamamen klor ve flor atomları ile değişen soğutucu akışkanlara tam halojenli soğutucu akışkanlar denir. CFC'ler etan ve metan serisinden olabilirler. CFC'ler ozon tabakası üzerinde en fazla tahribata neden olan soğutucu akışkanlardır. Ayrıca küresel ısınma potansiyelleri oldukça fazladır. Bunlardan dolayı CFC'lerin kullanımı için bazı yasaklar ve önlemler dünya çapında alınmaktadır. CFC'lerin kimyasal kararlılıkları çok fazla olduğu için uzun zaman yapıları bozulmadan atmosferde kalabilirler. Sonuçta, stratosfere ulaşarak ozon tabakasının delinmesine neden olurlar. CFC'ler için önemli bulgular şunlardır:

Atmosferde 75 ile 120 yıl arasında kimyasal yapıları bozulmadan kalabilirler. Ozonu delme potansiyelleri yüksektir. Uygulamada en çok kullanılanları R11, R12, R13, R114 ve R115'tir.

2.1.1.2 Hidrokloroflorokarbon (HCFC)

Metan ve etan moleküllerinin yapısındaki hidrojen atomlarının bir kısmının klor veya flor atomları ile yer değiştirmesi sonucu oluşan moleküle kısmi holejelenmiş adı verilir. Yani karbon yörüngelerinde hala bazı hidrojen atomları bulunmaktadır. Bütün hidrojen atomları klor ve flor atomları ile yer değiştirmemektedir. Bu oluşan moleküle HCFC adı verilmektedir. HCFC' ler klor atomu içerdiği için ozon tabakasıyla reaksiyona girerler. Buna rağmen HCFC'lerin yapılarında hidrojen atomu olduğu için kimyasal kararlılıkları çok zayıftır. Atmosferde uzun süre yapıları bozulmadan kalmazlar. HCFC'ler atmosfere doğru yükselirken yapılarındaki hidrojen havadaki su molekülleri ile reaksiyona girerek yapıları bozulur. Bu yüzden HCFC'lerin çoğu atmosferin stratosfer tabakasına ulaşmaz ve çoğu atmosferin alt tabakalarında çözünür. HCFC'lerin ozonu delme potansiyelleri azdır. HCFC'lerin önemli özellikleri şunlardır:

Atmosferde kimyasal yapıları bozulmadan uzun süre kalamazlar (15- 20 yıl). Ozon delme potansiyelleri düşüktür. Uygulamada en çok kullanılan HCFC'ler R22, R124 ve R123 'tür.

2.1.1.3 Hidrokloroflorokarbon (HFC)

HFC' lerin temel molekülü yalnızca flor atomu ile halojelenmiştir. Molekülün yapısında klor atomu yoktur. HFC' lerin yapısında flor, hidrojen ve karbon atomları bulunmaktadır. Yapılarında klor atomu bulunmadığı için HFC'lerin ozonu delme potansiyelleri sıfırdır. Yani ozon tabakası üzerinde hiçbir olumsuz etki yapmazlar. Buna rağmen küresel ısınmaya biraz olumsuz etki yaparlar.

2.1.1.4 Karışım ve İnorganik Soğutucu Akışkanlar

İki ya da daha fazla soğutucu akışkanın belirli oranlarda karıştırılarak elde edilen yeni soğutucu akışkana karışım soğutucu akışkanları adı verilir. En popüler karışımlar R500, R502, R404A ve R407C'dir. Günümüzde yapılan yoğun çalışmalar sonucu ozonu çok az veya hiç tahrip etmeyen karışımlar geliştirilmektedir. İnorganik soğutucu akışkanlar 1900'lü yıllarda çok kullanılmasına rağmen günümüzde yalnızca zehirleyici özelliği olmasına rağmen termodinamik özellikleri mükemmel olan amonyak (NH_3) kullanılmaktadır.

Günümüze kadar en çok kullanılan ve ozonu en çok tahrip eden R11, R12, R13, R22 ve R502'nin yerine kullanılmaktadır. Alternatif akışkanlardan bir tanesi kullanım alanı, buharlaşma sıcaklığı, buharlaşma gizli ısısı, temin kolaylığı, ekonomik olması ve zehirleyici özelliği göz önüne alınarak seçilir. Karışım ve inorganik soğutucu akışkanların dışındaki CFC, HCFC ve HFC gruplarındaki soğutucu akışkanlar aşağıda belirtilen sisteme göre numaralandırılırlar. Eğer atom sayıları eşit ve aynı ise karbon yörüngesindeki dizilişlerine ve bulunuş sırasına göre sonlarına a, b, c veya A, B, C gibi harf verilir (örneğin R134, R134a, R134b)

2.1.1.5 Alternatif Soğutucu Akışkanlar

CFC ve HCFC alternatifleri olarak tek bileşikler veya azeotrop karışımlar araştırılmış ancak gerçekte R12 yerine geliştirilen R134a ve R420A dışında bu başarılamamıştır.

Karışımı oluşturan elemanların bireysel eksikleri olmaksızın bazı istenen özellikleri elde etmek amacıyla çalışmalar karışım bileşikler üzerine odaklanmıştır. İlk karışım olarak CFC-12 (R12) yerine ve CFC içeren azeotropik karışım olan R502 üretilmiştir. Bu karışımlar başlangıçta madeni ve alkali benzen yağlarla uyumlu HCFC' ler kullanılarak yapılmıştır. Daha sonra R12, R502 ve R22 yerine ODP değeri sıfır olan, poliol ester yağ gibi sentetik yağlarla uyumlu hidrojenli florokarbonlar (HFC) ile yapılmıştır. Hidrokarbonlar ve amonyağın kullanımı da dikkate alınmalıdır.

R22 dönüşümünde hidrokarbonların ve amonyağın önemli bir rol oynadığı konusunda şüphe yoktur, fakat muhtemelen mevcut ekipman ve uygulamaların büyük bir kısmında zehirsiz ve yanıcı olmayan R22 yerine sıfır ozon delme potansiyeline sahip (ODP) sahip, yanıcı ve zehirli olmayan bir alternatif aranmaktadır. Mevcut durumda ASHRAE adlandırmaları ile üç karışım potansiyel alternatif olarak önerilmektedir; R407C (R32-R125-R134a karışımı), R410A (R32-R134a karışımı) ve R417A (R125-R134a ve R600). Bu karışımların hepsi yanıcılık ve zehirlilik yönünden en kötü kaçak durum senaryolarına göre tanımlanan ASHRAE standartlarına göre en düşük risk olan A1/A1 sınıfı kriterlerini sağlamaktadır.

R407C fiziksel özellikler olarak R22'ye benzer ve böylelikle benzer tasarımlı ekipmanlarda kullanılabilmektedir. Fakat R407C kullanılması halinde poliol ester yağ (POE) gibi tamamen sentetik yağ doldurulmalıdır. R407C ayrıca pratikte zorluklara yol açan etkili bir sıcaklık kayması gösterir. Özellikle su soğutma gruplarında R22'nin nominal evoparatör sıcaklığı 1^0C civarında iken R407C'de çiğ noktası şartları evoparatör boyunca 4^0C ile 1^0C arasında oluşarak buzlanma tehlikesi oluşturmaktadır.

R410A da tamamen sentetik yağlayıcılar gerektirir ve fiziksel özellikleri R22'den oldukça farklıdır. Örnek olarak R410A'nın 40^0C 'deki doyma basınçları R22'den %60 daha yüksektir ve böylece özel tasarımlı ekipman kullanımı gerektirir. R410A'nın bazı avantajları beklenmedik seviyede yüksek ısı transfer katsayısına sahip olması ve daha küçük kompresör ve boruların kullanım gereksinimlerine neden olmaktadır. Buna rağmen karışımın kritik sıcaklığı oldukça düşük olup (72^0C) aşırı yüksek ortam şartlarında ve 60^0C ve üzerindeki yoğunlaşma sıcaklıklarına sahip ısı pompası uygulamalarında sorunlar çıkarmaktadır.

2.1.1.6 CFC'li Sistemlerin HCF'li Sisteme Dönüştürülmesi

Ozon tabakasını en çok tahrip eden soğutucu akışkan içeren soğutma ve klima sistemlerinin, ozon tabakasını tahrip etmeyen veya çok az tahrip eden sistemlere dönüştürülmesi gereklidir. Örnek olarak R12' nin R134a ' ya dönüştürülmesi ele alınacaktır.

R12 ve R134a'nın farklı bileşim oldukları göz önüne alınarak R134a ile uyum sağlayacak yağın, filtrenin ve varsa TXV' nin değiştirilmesi gereklidir.

1.Sisteme manifold bağlanarak R12 gazı soğutma sisteminden alınarak depolanır.

2.Kompresör, filtreliyse TXV borular kesilip çıkarılır. Kompresör karterindeki yağ değiştirilip R134a ile uyum sağlayacak ester bazlı yağ kompresöre konur.

3.Çalışma esnasında boru iç yüzeylerinde kalan R12 akışkanı , R11 veya diğer sökücü gazlarla temizlenir. Kompresör sistemdeki borulara kaynak edilerek sisteme monte edilir.

4.R134a ile uyum sağlayacak filtre ve TXV takılarak herhangi bir kaçak olup olmadığı kontrol edilir.

5. Sistem vakumlanarak nem, asit ve eğer sistemde R12 kaldıysa bu maddelerden arındırılır.

6. Basınç değerleri kontrol edilerek gerekli miktarda R134a sisteme doldurulur.

2.1.2 Temel Soğutucu Akışkanlar

2.1.2.1 R12 (CCl2F2): Birleşiminde karbon, klor ve flor vardır. Zehirli, patlayıcı ve yanıcı olmaması sebebiyle emniyetli bir maddedir.Ayrıca,en ekstrem çalışma şartlarında dahi stabil ve bozulmayan, özelliklerini kaybetmeyen bir maddedir.Ancak, açık bir aleve veya aşırı sıcaklığa haiz bir ısıtıcı ile temas ettirilirse çözünür ve zehirli bileşiklere ayrışır. Kondenserde ısı transferi ve yoğuşma sıcaklıkları bakımından oldukça iyi bir yapıya sahiptir.Yağlama yağı ile tüm çalışma şartlarında karışabilir ve yağın kompresöre dönüşü basit önlemlerle sağlanabilir.Yağ çözücü(solvent)özelliği,kondenser ve evaporatör ısı geçiş yüzeylerinde yağın toplanıp ısı geöçişini azaltmasını önler.Buharlaşma ısısının düşük olması sebebiyle sistemde dolaşması gereken akışkan debisi fazladır. Fakat bu önemli bir durum olmadığı gibi küçük sistemlerde,akış kontrolünün daha iyi yapılması bakımından tercih edilir.Büyük sistemlerde ise buhar yoğunluğunun fazlalığı ile , birim soğutma için gerekli silindir hacmi R22 ve R717(amonyak) çok farklı değildir. Birim soğutma için harcanan güç de tahmini olarak aynı seviyededir. R12 iklimlendirme sistemlerinde ve soğuk depo tesislerinde geniş bir kullanıma sahiptir. Az miktarda iken tamamen korkusuzdur. Atmosferik basınçta kaynama noktası (-298 ^{0}C) ve donma noktası da (-157.78^{0}C)'dir. 5-6 kg/ cm^2 basınç altında 20^{0}C'de sıvılaşır. Normal basınç ve sıcaklıkta gaz halinde bulunan R12'nin özgül ağırlığı havanın özgül ağırlığından daha büyüktür. Suda güç eridiğinden, buharlaştırıcıdaki düşük basınç nedeniyle sisteme sızacak havanın getirdiği su buharı katılaşarak çalışma düzensizliklerine yol açabilir. Suyun soğutucu akışkandan ayrılması için kurutucu kullanılmalıdır. Renksiz olan R12 göz, burun, boğaz ve ciğerleri tahriş etmez ,yanıcı ve patlayıcı değildir. Yağ ile kolayca karışabildiğinden sistemde yağ ayırıcısı kullanımına gerek yoktur. R12 nispeten ağır bir soğutucu akışkan olduğundan büyük yük kayıplarına sebebiyet vermemek için kompresör girişinde ve çıkışında hızı 7-12 m/s ve 12-15 m/s arasında tutulur. Programımızda Japon Soğutma Derneği hal denklemi ile hesaplaması yapılmıştır.

2.1.2.2 R22(CHClF2): Diğer fluo-karbon soğutucu akışkanlarda olduğu gibi R22 de emniyetle kullanılabilecek zehirsiz, yanmayan, patlamayan bir akışkandır. R22, diğer soğutma uygulamalarına cevap vermek üzere geliştirilmiş bir soğutucu akışkandır. Fakat paket tipi klima cihazlarında, ev tipi ve ticari tip soğutucularda da,bilhassa daha kompakt kompresör gerektirmesi (R12'ye göre tahmini 0.60 katı)ve dolayısıyla yer kazancı sağlaması yönünden tercih edilir. Çalışma basınçları ve sıcaklıkları R12'den daha yüksek seviyededir. Fakat birim soğutma kapasitesi için gerekli tahrik gücü tahmini olarak aynıdır . Çıkış sıcaklıklarının oldukça yüksek olması sebebiyle , bunun aşırı seviyelere ulaşmasına engel olmak için emişteki kızgınlık derecesi mümkün mertebe düşük tutulmalıdır. Derin soğutma uygulamalarında aşırı çıkış sıcaklıkları ile karşılaşılabileceğinden(yüksek sıkıştırma oranı sebebiyle) silindirlerin su gömlekli olması tavsiye edilir.Yağ dönüşünü sağlamak için R12'ye nazaran daha dikkatli ve iyi işlenmiş dönüş boruları döşenmeli, derin soğutma uygulamalarında mutlaka yağ ayırıcı kullanılmalıdır. R12 yağ ile çabuk ve iyi karışmaktadır. R22 ise su ile daha çabuk ve yüksek oranda karışır. R22 prensip olarak düşük sıcaklıklarda soğutma elde etmek geliştirilmiş bir soğutucu akışkandır. R22 genellikle derin dondurucu tesisatında çok düşük buharlaşma sıcaklığı elde etmek için kullanılır. Birleşiminde karbon , hidrojen, klor ve flor bulunmaktadır. Daha yüksek sıcaklıklarda soğutma elde etmek için de kullanılabilmesine rağmen esas olarak kullanılma alanı sıcaklığı -30^0 C'nin altında olan soğutma sistemleridir. Atmosfer basıncında -40^0 C'de kaynar. R22'nin özellikleri R12'ye çok yakındır. Sistemde sıkıştırma sonunda R22'nin sıcaklığının 130^0 C'ye kadar yükselmesi yağlama yağının niteliklerinin bozulmasına neden olabilir. Gaz hızları kompresör girişinde 10-12 m/s ve kompresör çıkışında 12-16 m/s arasındadır. Programımızda Japon Soğutma Derneği hal denklemi ile hesaplaması yapılmıştır.

2.1.2.3 R123(CHCl2CF3): Santrifüj soğutucu ünitelerde kullanılan ve R11'e en uygun olan alternatif soğutucu akışkandır. R11, evaporatör metalik olmayan malzemeleri etkileme gücü daha fazla olan bir soğutucu akışkandır. Dolayısıyla R123 evaporatör geçişte tüm kauçuk esaslı malzemeler değiştirilmelidir. R11'e göre daha düşük enerji verimine sahiptir. Zehirleyici özelliği nedeniyle kullanıldığı ortamda ek tedbirler gerektirmektedir. 8 saat boyunca maruz kalınacak maksimum doz 10 ppm'dir. Programımzda ISO17584:2005 hal denklemi ile hesaplaması yapılmıştır.

2.1.2.4 R134a(CF2CH2F): Termodinamik ve fiziksel özellikleri ile R12'ye en yakın soğutucu akışkandır. Halen ozon tüketme katsayısı 0 olan ve diğer özellikleri açısından en uygun soğutucu akışkandır. Araç soğutucuları ve ev tipi soğutucular için en uygun alternatiftir. Ticari olarak da temini olanaklıdır. Yüksek ve orta buharlaşma sıcaklıklarında ve / veya düşük basınç farklarında kompresör verimi ve sistemin COP(coefficient of performance) değeri R12 ile yaklaşık olarak aynıdır. Düşük sıcaklıklar için çift kademeli sıkıştırma gerekmektedir. R134a, mineral yağlarla uyumlu olmadığında poliolester veya polioalkalinglikol bazlı yağlarla kullanılmalıdır. Programımzda ISO17584:2005 hal denklemi ile hesaplaması yapılmıştır.

2.1.2.5 R143a(CF3CH3): R502 ve R22 için uzun dönem alternatifi olarak kabul edilmektedir. Amonyak kullanımının uygun olmadığı düşük sıcaklık uygulamalarında kullanılmaktadır. Yanıcı özelliğe sahip olduğundan dönüşüm ve yeni kullanımlarda güvenlik önlemleri göz önünde tutulmalıdır. Sera etkisi R134a'ya göre iki kat daha fazladır. R125, R134a ile birlikte değişik oranlarda kullanılarak R502 alternatifi karışımlar (R404A vb.) elde etmek için kullanılmaktadır. Programımzda ISO17584:2005 hal denklemi ile hesaplaması yapılmıştır.

2.1.2.6 R125(CF3CHF2): R502 ve R22 için uzun dönem alternatifi olarak kabul edilmiştir. R143a gibi amonyak kullanımının uygun olmadığı düşük sıcaklıklar için düşünülmektedir. Yanma özelliği yoktur. Ancak sera etkisi R134a'dan iki kat dah fazladır. R134a, R143a ile (örneğin R404A vb.) değişik oranlarda kullanılarak R502 alternatifi karışımlar elde edilmektedir. Programımzda ISO17584:2005 hal denklemi ile hesaplaması yapılmıştır.

2.1.2.7 R152a (C2H4F2): Ozon tahribatına neden olmayan ve sera etkisi çok düşük olan (R12'nin %2'si kadar) R152a, ısı pompalarında R12 için alternatif olarak kabul edilmektedir. R12 ve R134a'dan daha iyi COP değerine sahip olan R152a mineral yağlarla da iyi uyum sağlamaktadır. Yanıcı ve kokusuz olan R152a zehirleyici özellik göstermez. Termodinamik ve fiziksel özellikleri R12 ve R134a'ya çok yakındır. Bu yüzden dönüşümlerde kompresörde herhangi bir modifikasyona gerek kalmamaktadır. Hacimsel soğutma değeri R12'den %5 daha düşüktür. Programımzda ISO17584:2005 hal denklemi ile hesaplaması yapılmıştır.

2.1.2.8 R401A: R22, R124 ve R152a'dan oluşan(ağırlıkça sırasıyla %52/33/15 oranında) ve R12 için alternative kabul edilen zeotropik bir karışımdır. HCFC içerdiğinden nihai bir alternatif olmayıp 2030 yılına kadar kullanılabilecektir.Bu soğutucu akışkan DUPONT tarafından SUVA MP39 adıyla piyasaya sunulmuştur. Düşük ve orta sıcaklıklarda çalışan ticari soğutma cihazlarında kullanılmaktadır. Programımızda Peng-Robinson-Stryjek-Vera hal denklemi ile hesaplaması yapılmıştır.

2.1.2.9 R402A: R22, R125 ve R290'dan oluşan(ağırlıkça sırasıyla %38/60/2 oranında) ve R502 için alternatif olarak Kabul edilen zeotropik bir karışımdır. HCFC içerdiğinden nihai bir alternatif olmayıp 2030 yılına kadar kullanılabilecektir. Bu soğutucu akışkan DUPONT tarafından SUVA HP80 adıyla piyasaya sunulmuştur. Düşük ve orta sıcaklıklarda çalışan ticari soğutma cihazlarında kullanılmaktadır. Programımızda Peng-Robinson-Stryjek-Vera hal denklemi ile hesaplaması yapılmıştır.

2.1.2.10 R404A: R125, R134a ve R143a'dan oluşan (ağırlıkça sırasıyla %44/4/52 oranında) ve R502 için alternatif kabul edilen zeotropik bir karışımdır. HCFC içerdiğinden nihai bir alternatif olmayıp 2030 yılına kadar kullanılabilecektir. Ticari soğutma cihazlarında kullanılmaktadır. Bu soğutucu akışkan DUPONT tarafından SUVA HP62 ve ELF-ATOCHEM tarafından FORANE FX70 adıyla piyasaya sunulmuştur. Programızda ISO17584:2005 hal denklemi ile hesaplanmaktadır.

2.1.2.11 R407C: R32, R125 ve R134a'dan oluşan (ağırlıkça sırasıyla %20/40/40,%10/70/20 ve%23/25/52 oranlarında) ve R502 ve R22 için alternatif kabul edilen zeotropik bir karışımdır. Ticari havalandırma ve ısı pompalarında kullanılmaktadır. Bu soğutucu akışkan ICI tarafından KLEA60, KLEA61, KLEA66 VE DUPONT tarafından SUVA AC9000 (R407C) adlarıyla piyasaya sunulmuştur. Programızda ISO17584:2005 hal denklemi ile hesaplanmaktadır.

2.1.2.12 R410A: R32 ve R125'ten oluşan (ağırlıkça %50/50 oranında) ve R22 için alternatif kabul edilen yakın azeotropik bir karışımdır. Teorik termodinamik özellikleri R22 kadar iyi değildir. Ancak ısı transferi özelliği oldukça iyidir. R22 - R410A dönüşümünde sistemin yeniden dizayn edilmesi gerekmektedir. Bu değişim yapıldığı takdirde sistem verimi R22'ye göre daha iyi seviyeyedir. Sera etkisinin yüksek olması en büyük dezavantajıdır. Ticari havalandırma ve ısı pompalarında kullanılmaktadır. Özgül ısı değeri su buharından sonra en yüksek soğutucu akışkandır. Bu soğutucu akışkan ALLIED SIGNAL tarafından GENETRON AZ20 adıyla piyasaya sunulmuştur. Programızda ISO17584:2005 hal denklemi ile hesaplanmaktadır.

2.1.2.13 R507A: R125 ve R143a'dan oluşan (ağırlıkça %50/50 oranında) R12 ve R502 için kabul edilen bir alternatiftir. Bu soğutucu akışkan ALLIED SIGNAL tarafından GENETRON AZ50 adıyla piyasaya sunulmuştur. Ticari soğutma cihazlarında kullanılmaktadır. Programızda ISO17584:2005 hal denklemi ile hesaplanmaktadır.

2.1.2.14 R717(NH3): Amonyak, 1878 yılında Linde tarafından bulunmuştur. Hacimsel özgül soğutma yükü yüksektir. Bu nedenle küçük soğutma yükleri için uygun bir soğutucu akışkan değildir. Bugün, Fluo-Karbon ailesinin dışında geniş ölçüde kullanımına devam edilen tek soğutucu akışkandır. Zehirleyici ve bir ölçüde yanıcı – patlayıcı olmasına rağmen mükemmel ısıl özelliklere sahip olması sebebiyle, iyi eğitilmiş işletme personeli ilave zehirleyici etkisinin fazla önem taşımadığı hallerde, büyük soğuk depoculukta, buz üretiminde, buz pateni sahalarında ve donmuş paketleme uygulamalarında başarıyla kullanılmaktadır. Buharlaşma ısısının yüksek olması ve buhar özgül hacminin de oldukça düşük olması sebebiyle sistemde dolaştırılması gereken akışkan miktarının düşük seviyede olmasını sağlar. R22'de olduğu gibi çıkış sıcaklıkları yüksek seviyeli olup kompresör kafa ve silindirlerinin su soğutma gömlekli olması tercih edilir. Amonyak yağ ile karışmaz. Fakat karterdeki çalkantı ve silindirdeki yüksek hızlar yağın sisteme sürüklenmesine sebep olur. Bu nedenle, gerek kompresör çıkışına yağ ayırıcı suretiyle, gerekse evaporatörden kompresöre yağın dönüşünü kolaylaştıracak tarzda boru tertibiyle yağın kompresör karterine birikmesi sağlanmalıdır. Atmosfer basıncında buharlaşma sıcaklığı -33^0 C civarındadır. Kritik sıcaklığı 132.4 ^{0}C , donma sıcaklığı -77.6 ^{0}C, kritik basıncı 113,3 atm'dir. Suda eridiğinde donma noktası düşer. Amonyak , atmosferik basınçta -33^{0}C sıcaklıkta kaynar suda kolayca çözünür . -155 ^{0}C sıcaklıktaki su diğer sıcaklıklardaki sudan yaklaşık olarak 900 kat daha fazla amonyağı çözmektedir. Bu çözelti çok tehlikeli ve zararlıdır. Isıtıldığında da sudan kolayca ayrılması sebebiyle amonyak, absorpsiyonlu soğutma sistemlerinde yaygın olarak kullanılmaktadır. Amonyak, yoğuşma basıncı ve sıcaklığı düşük , buharlaşma ısısı yüksek , üretimi kolay ve maliyeti yüksek olmayan bir soğutucu akışkandır. Kokulu olduğu için soğutma tesisinde kaçak olup olmadığı kolayca anlaşılabilmektedir. Amonyağın, yiyecek maddesi muhafazasında kullanıldığında sistemin sızdırmaz olmasına özellikle özen gösterilmelidir. Programımızda Helmholtz hal denklemi ile hesaplaması yapılmıştır.

2.1.2.15 R728(Azot): Kimyasal formülü N2'dir. Moleküler ağırlığı 28.013 g'dır. 1 Atm basınçtaki kaynama sıcaklığı -195.8^{0}C'dir.Kritik sıcaklığı -146. 96^{0}C, kritik basıncı 3395.8 Kpa, kritik yoğunluğu 313.3 kg/m3 'tür. Renksiz, kokusuz, tatsız, havaya oranla daha hafif ve genelde atıl olan bir gazdır. Azot, daha çok havanın sıvılaştırılması ve ayrıştırılması yöntemi ile elde edilir. Ticari olarak sıvı ve / veya gaz fazlarında bulunmaktadır. Sıvı fazda; çift cidarlı, vakum ve perlit malzemesi ile yalıtılmış özel kriyojenik tanklar içinde depolanmakta ve nakledilmektedir. Gaz fazda ise; basınç altında boru hattı ile veya basınca dayanıklı, dikişsiz çelik tüpler içinde sıkıştırılmış olarak tedarik edilir. TSE standartlarına göre sıvı / gaz azotun birinci sınıfının safiyeti minimum %99.999 olmalıdır. Azot, amonyak sentezinde, kimya, tekstil, gıda, boya sanayinde inert atmosfer sağlamada, aşrı yanıcı sıvıların azot basıncı altında transferinde, elektronik sanayinde, ampul imalatında gıda sanayinde yiyeceklerin şoklanması ve uzun süre muhafaza ile nakillerinde, nükleer reaktörlerde, yenilenebilen yağların oksidasyonunun önlenmesinde, tanker, boru hattı ve rafinerilerin temizlenmesinde, tahıl silolarında, ısıl işlem fırınlarında kontrollü atmosfer sağlanmasında, cam ve çelik yapımında, kömür madenlerinin güvenliğinde ve yangın söndürmede, fermantasyon işlemlerinde, gıda ve hassas nesnelerin paketlenmesinde, petrol ve gaz kuyularının tahriklendirilmesinde, doku dondurma ve saklama işlemlerinde, kalıplamada, film ekstrüzyonda ve proses ekipmanlarında soğutucu işlemlerinde, proses solventlerinin geri kazanımında ve kimyasal ayıraç ve ayıraç taşıyıcı olarak yaygın bir şekilde kullanılmaktadır. Programımızda Benedict-Webb Rubin hal denklemi ile hesaplaması yapılmıştır.

2.1.2.16 R744(Karbondioksit): Kimyasal formülü CO2'dir. Moleküler ağırlığı 44.01 g'dır. 1 Atm basınçtaki kaynama sıcaklığı -78.4^{0}C'dir. Kritik sıcaklığı 30.978^{0}C, kritik basıncı 7377.3 Kpa, kritik yoğunluğu 467.6 kg/m^3 'tür. Programımızda IUPAC hal denklemi ile hesaplaması yapılmıştır. 1878 yılında Linde tarafından bulunmuştur. Günümüzde hacimsel özgül soğutma yükü en yüksek soğutucu akışkandır. Büyük soğutma yüklerinde, özellikle gemi, tiyatro, hastane gibi yapıların iklimlendirme sistemlerinde kullanılmaktadır. Karbondioksit, karbonun yanmasından elde edilir. Karbondioksit, renksiz, kokusuz bir gazdır. Karbondioksit soğutucu akışkan olarak bira, gazoz, kola vb. içecekler için yapılmış soğutma tesislerinde kullanılmaktadır. Diğer gazlarla karıştığı zaman karbon monoksit haline gelme ihtimali vardır. Bununla beraber zehirsiz olarak kabul edilen fakat fazla miktarda teneffüs edildiği takdirde insanı uyutarak öldürme riski vardır. Karbondioksitin kullanılma sahasını kısıtlayan başlıca özellikleri, yoğunlaşma basıncının yüksek ve kritik basıncının düşük olmasıdır. Çalışma basınçları en yüksek olan soğutucu akışkandır. Bu sebeple soğutucu akışkan olarak karbondioksitin kullanıldığı soğutma tesislerinde kompresör ve diğer tesis elemanlarının çok sağlam olması gerekir. Karbondioksit bütün çalışma şartları altında tamamen kararlı olup , soğutma makine ve teçhizat metallerine karşı herhangi bir aşındırma etkisi göstermez. Yağlama yağı, yoğunlaşan soğutucu içinde hiç çözünmez. Bu özellik kondansatör ve soğutucularda yağın ayrıştırılarak alınmasına imkan verir. Hava ile karışımları boğucu özellik göstermesine rağmen %4'ün altında olan bu karışımlarda hayat için tehlikeli değildir. Katı karbondioksitin donmuş gıda maddelerinin nakliyesinde oldukça büyük bir yeri vardır. 1 atm basınç altında kendi gazı ile çevrelendiğinde -78.5^{0}C, yine 1 atm basınç altında hava ile çevrelendiğinde ise -140^0 C' dir. Bu değerler donmuş nakliye için istenen soğukluk değerinin çok altındadır. Katı karbondioksit elde etmek için karbon dioksit gazı önce sıvı hale getirilir. Bunun için de gaz kademe halinde yaklaşık 60-70 atm basınca kadar bir kompresyona tutulur. Kademeler arasındaki soğutma ve kompresyondan sonraki karbondioksit gazının yoğuşması su ile yapılır. Yanarak elde edildiği için yanıcı değildir. Ayrıca, karbondioksit yangın söndürmede de kullanılmaktadır. Programızda ISO17584:2005 hal denklemi ile hesaplanmaktadır.

2.1.2.17 R702 (H_2) : Hidrojen evrende en fazla ve en yaygın bulunan elementtir. Diğer bütün elementler başlangıçtaki Hidrojenden veya daha sonra ondan türemiş diğer elementlerden yapılmıştır. Hidrojen atmosfer'de çok az bulunan bir gazdır. O kadar hafiftir ki, diğer gazlarla çarpıştığında büyük bir hız kazanır ve süratle Atmosfer'den dışarı fırlar. Hidrojen yeryüzünde esas olarak oksijen ile su bünyesinde bileşik yapar, fakat canlı bitkiler, petrol, kömür gibi organik maddelerde de bulunur. Atmosfer'de serbest element olarak mevcuttur, fakat sadece hacimde 1 ppm'den daha az miktardadır. Bütün gazların en hafifi olan hidrojen diğer elementlerle bileşikler oluşturmak üzere birleşir.

Hidrojen yeryüzünde okyanus, göl ve nehirlerde su formunda bol miktarda bulunur. Bünyesinde depolanmış enerjinin birim üretiminde en ucuz sentetik yakıttır. Neredeyse tamamen temizdir, veya bütün sentetik yakıtlar içinde en az kirletici olandır. Karbon dioksit üretmemektedir. Son otuz yıl zarfında, hidrojen enerji sisteminin çeşitli yanları ve uygulamaları giderek daha fazla araştırılmıştır.

Hidrojen, moleküler ağırlığı 2.016 g'dır. 1 Atm basınçtaki kaynama sıcaklığı -252.85^{0}C'dir. Kritik sıcaklığı -240.15^{0}C, kritik basıncı 1290 Kpa, kritik yoğunluğu

31.35303266 kg/m3 'tür. Programımızda Benedict-Webb Rubin hal denklemi ile hesaplaması yapılmıştır.

2.1.2.18 R732 (O_2): Yeryüzünde bulunan en bol elementlerden biri olan oksijen normal şartlar altında kokusuz bir gazdır. Soğutulduğunda mavi renkli bir sıvı haline gelmektedir. Oksijenin kaynama noktası -182.9 C ve donma noktası -218.4 C'dir. Kimyasal reaksiyon esnasında oksijen gazı molekülündeki bağı koparmak için yaklaşık 494 kj/mol 'lük yüksek bir enerji gerekmektedir. Bu sebeple oksijenin reaksiyonları yüksek sıcaklıkta yavaş bir şekilde gerçekleşir.

Oksijenin moleküler ağırlığı 31.999 g'dır. Kritik sıcaklığı -118.57^{0}C, kritik basıncı 5043 Kpa, kritik yoğunluğu 436.14 kg/m3 'tür. Programımızda Benedict-Webb Rubin hal denklemi ile hesaplaması yapılmıştır.

2.1.2.19 R740(Ar): Argon, renksiz, kokusuz ve tatsız bir gazdır. Sanayide gazla doldurulan elektrik lambalarında yaygın olarak kullanılır. Dünya atmosferinde %1'den az oranda bulunmakta ve böylece en yaygın soygaz olmaktadır. En dış elektron kabuğu dolu ve diğer kimyasal elementlerle bağ yapmaya karşı dirençlidir. Termodinamik denge noktası (triple point) sabit sıcaklığı 83.8058 K olarak 1990 yılında Uluslararası Sıcaklık Ölçümü (ITS) ile tanımlanmıştır. Oksijen gazının sudaki çözünürlüğü ile aynı çözünürlüğe sahiptir ve bu da nitrojen gazının sudaki çözünürlüğünden 2,5 kat daha fazladır. Yüksek kararlılığı olan kimyasal element renksiz, kokusuz, tatsız ve toksit değildir hem sıvı hem gaz fazındadır. Gazaltı kaynağında koruyucu gaz olarak kullanılır. Kaliteli çelik üretiminde, homojen bir çelik banyosu sağlanması ve banyo içerisinde oluşan, döküm sonrası mekanik özellikleri kötü yönde etkileyecek gazların tasfiyesi için kullanılır. (Argon degassing), Ampul imalatında, Elektronik sanayiinde bazı kristallerin üretimi sırasında inert koruyucu atmosfer sağlamada, Spektrometrik analiz cihazlarında taşıyıcı gaz olarak, bazı özel metallerin saflaştırılması sırasında inert koruyucu atmosfer oluşturulmasında kullanılmaktadır.

Argon'un moleküler ağırlığı 39.948 g'dır. 1 Atm basınçtaki kaynama sıcaklığı –185.85^{0}C'dir. Kritik sıcaklığı -122.46^{0}C, kritik basıncı 4863 Kpa, kritik yoğunluğu

535.6 kg/m3 'tür. Programımızda Benedict-Webb Rubin hal denklemi ile hesaplaması yapılmıştır.

2.1.2.20 R704(He): Hidrojenden sonra en hafif gazdır. Renksiz, kokusuz olmakla beraber soygaz olduğu için tepkimeye girmez ve bu yüzden eylemsizdir. Helyum, soygazlar kuralına uyan bir gazdır. Oda sıcaklığında gazdır ve gaz dışında başka hallerde görmek doğal koşullarda çok zordur; çünkü erime noktası -272,05 °C' dir. Ancak laboratuar koşullarında sağlanabilen sıcaklıklarda katı ve sıvı halinde görebilir. Bu sıcaklıklar mutlak sıfır'a çok yakın olduklarından dolayı laboratuvar koşullarında sağlamak bile çok zordu. Yoğunluğu ise 0,1785 g/lt'dir, yani havadan daha hafiftir. Bu yüzden de sıcak hava balonlarında ve zeplinlerde kullanılmaktadır. Hidrojenden daha ağırdır, ancak hidrojen yanıcı bir madde olduğu için artık pek kullanılmamakta ve yerini Helyum'a bırakmaktadır. Helyum atmosferde çok az miktarda bulunmaktadır. Ayrıca helyum radyoaktif minerallerde ve Amerika Birleşik Devletlerinde tabii gazlarda bulunur. Havadan hafif olması uçan balonlarda kullanılabilmesini sağlar. Hidrojen gibi yanıcı-patlayıcı özelliği olmadığı için de oldukça güvenlidir ama bu güvenlik pahalı olduğu için bu madde pek kullanılmamaktadır. Pahalı olmasının nedeni evren de hidrojenden sonra en çok bulunan element olmasına ve dünya atmosferinde 1/200.000 oranında bulunmasına rağmen, sıvı havanın ayrımsal damıtılmasıyla elde edilemez. Bunun sebebi, Helyumun atmosferdeki diğer bir çok gazın aksine Joul-Thompson katsayısının pozitif olmayışıdır. Bu da onun sıkıştırılmak suretiyle sıvılaştırılmasını engeller ve de havadan elde edilmesini imkânsız hale getirir. Amerika'daki (ABD) bazı doğal gaz yataklarında %7'ye varan oranlarda He gazı bulunmaktadır ki bu Helyumun ticari olarak satılabilecek kadar üretilmesine imkân sağlamaktadır. Helyum inert gaz olması özelliğinden dolayı bazı metallerin inert atmosfer oluşturulmasına kullanılır. Ayrıca dalgıç tüpleri %80 He ve %20 O_2'den oluşur. Sıvı hava yerine helyumla karıştırılmış oksijen kullanılmasının sebebi vurgun diye tabir edilen olayı önlemektir. Helyumun buradaki fonksiyonu, yukarıda bahsi geçen Joule-Thompson katsayısının negatif olması nedeniyle yüksek basınçta sıvılaşmayıp, dalgıçlar yukarı doğru çıkarırken yüksek basınçtan düşük basınca hızlı geçişte oluşan çözünürlük farkından dolayı kanda baloncuklar oluşturup felce neden olmamasıdır. Helyum ayrıca sıvı roket yakıtlarının basınç altında tutulmasında kullanılır. Sıvı helyum soğutma amaçlı da kullanılmaktadır .

Helyum'un moleküler ağırlığı 4.0026 g'dır. 1 Atm basınçtaki kaynama sıcaklığı -252.85^{0}C'dir. Kritik sıcaklığı -268.129^{0}C, kritik basıncı 227.46 Kpa, kritik yoğunluğu 17.399 kg/m3 'tür. Programımızda Benedict-Webb Rubin hal denklemi ile hesaplaması yapılmıştır.

2.1.2.21 R50(CH_4) : Metan, hidrokarbonların alkanlar grubundan doğada bol olarak bulunan renksiz, kokusuz bir gazdır. Alkanların en basit üyesi olan metan doğal gazın başlıca bileşenidir. Ayrıca, kömür madenlerinde oluşan gruzi gazının bileşiminde bulunduğu gibi su altındaki bitkisel madenlerin bakterilerle bozunması sonucu da ortaya çıkar. Metan, hava gazı üretimi amacıyla taş kömürünün havasız ortamda ısıtılarak bozundurulması ya da pis su atıklarının etkinleştirilmiş çamur işlemiyle arıtılması sırasında yan ürün olarak elde edilir. Havadan daha hafif bir gaz olan (özgül ağırlığı 0,554) ve suda oldukça az miktarda çözünen metan havada kolaylıkla yanarak kadrbondioksit ve su buharı verir. Saf metan –164,0 C' de kaynar, -182'5 C' de erir. En önemli metan kaynağı doğal gazdır.

Metan'ın moleküler ağırlığı 16.043 g'dır. Kritik sıcaklığı -82.586^{0}C, kritik basıncı 4599.2 Kpa, kritik yoğunluğu 162.66 kg/m^3 'tür. Programımızda Benedict-Webb Rubin hal denklemi ile hesaplaması yapılmıştır.

2.1.2.22 R290(C_3H_8): Ergime noktası -187,1 °C 'dir. Doğal gaz, hafif ham petrol ve petrol rafineri gazlarından elde edilir. Sıvılaştırılmış petrol gazlarında bol miktarda bulunur. Propan, petro-kimya endüstrisinde yaygın olarak kullanılmaktadır. Propan sıcakta bozunarak etilen ve yine önemli bir madde olan propilene dönüşür. Propilen önemli bir bileşik olup, aseton ve propilen glikol gibi birçok maddenin elde edilmesinde kullanılır. Diğer taraftan basınç altında kolayca sıvı hale geçmesinden dolayı bütan gazı ile karıştırılarak tüpler içine doldurulmuş halde evlerde yakıt olarak kullanılır.

Propan'ın moleküler ağırlığı 44.096 g'dır. 1 Atm basınçtaki kaynama sıcaklığı -42.09^{0}C'dir. Kritik sıcaklığı 96.675^{0}C, kritik basıncı 4247.1 Kpa, kritik yoğunluğu 218.5 kg/m^3 'tür. Programımızda, R. D. Goodwin tarafından geliştirilen hal denklemi ile hesaplanmaktadır.

2.1.2.23 R600 (C_4H_{10}): Bütan'ın moleküler ağırlığı 58.122 g'dır. 1 Atm basınçtaki kaynama sıcaklığı -0.55^{0}C'dir. Kritik sıcaklığı 151.98^{0}C, kritik basıncı 3796 Kpa, kritik yoğunluğu ise 227.84 kg/m^3 'tür. Bütan gazı tüp içinde satılır ve LPG ya da tüpgaz olarak adlandırılır. Ayrıca çakmaklarda yakıt olarak ve sprey ürünlerde itici gaz olarak kullanılmaktadır. Programımızda, R. D. Goodwin tarafından geliştirilen hal denklemi ile hesaplanmaktadır.

2.1.2.24 R600a ($CH(CH_3)_3$): İzobütan'ın Moleküler ağırlığı 58.122 g'dır.1 Atm basınçtaki kaynama sıcaklığı -11.791^{0}C'dir.Kritik sıcaklığı 134.85^{0}C, kritik basıncı 3654.89 Kpa,kritik yoğunluğu 227.84 kg/m3 'tür. İzobütan, doğal gazdan ve petrol rafinerisi ürünlerinden elde edilmektedir. Yanıcı olmasına karşın hidrokarbon olmasından dolayı ozonla barışık ve doğaya tamamen zararsızdır. İzobütan gazı, ev tipi buzdolaplarında, ticari soğutucularda, poliüretan (köpük) üretiminde şişirici olarak, aerosol dolumunda ise itici gaz olarak kullanılmaktadır. Programımızda, R. D. Goodwin tarafından geliştirilen hal denklemi ile hesaplanmaktadır.

2.1.2.25 R170(C_2H_6): Etan, doymuş bir hidrokarbondur. Alkanlar diye adlandırılan doymuş hidrokarbonların homolog serisinin bir üyesidir. Tabii gazlarda %5 ile %20 arasında bulunur. Tabii gazlardan veya petrol ürünü, gazlardan ayrılarak elde edilebilir. Fakat daha ziyade tabii gazlarda ve petrol gazlarında yakıt olarak kullanılmaktadır.

Etan renksiz, kokusuz bir gazdır. Moleküler ağırlığı 136.48 g'dır. 1 Atm basınçtaki kaynama sıcaklığı -88.598^{0}C'dir. Kritik sıcaklığı 32.18^{0}C, kritik basıncı 4871.8 Kpa, kritik yoğunluğu 206.58 kg/m^3 ve erime noktası -183,3°C'dir. Havaya göre bağıl yoğunluğu 1,05'tir. Etan suda çözünmez, fakat saf (mutlak) etanolde orta derecede çözünür. Etanın sınai önemi bulunan pekçok türevi vardır. Etil klorür, etilen bromür ve etilen klorür bunların başlıcalarıdır. Programımızda, R. D. Goodwin tarafından geliştirilen hal denklemi ile hesaplanmaktadır.

2.1.2.26 R720(Ne): Doğada dağılmış olarak ve çok küçük yüzdelerde, yalnızca atmosferde değil, aynı zamanda yeraltından çıkan doğal gazların bileşiminde de bulunur. Kuru havanın, hacim olarak %0.0018'ini oluşturur. Renksiz bir gazdır. Ticari amaçla, sıvılaştırılmış havadan ayrıştırılır. Çoğunlukla aydınlatmada kullanılır. Neon gazı içeren bir tüpte düşük basınç altında oluşturulan elektrik dolaşımı, parlak turuncu bir ışığın salınmasına neden olur. Bu nedenle, neon gazı, argon, kripton ve ksenon gibi öbür soygazlarla beraber, reklam amacına yönelik aydınlatıcı tüplerinin doldurulmasında kullanılır. Aydınlatma tüplerinin, uzunlukları büyük, çapları küçük olup, yüksek gerilimle beslenirler. Neon, herhangi bir kimyasal bağ yapamaz.

Neon'un moleküler ağırlığı 20.183g'dır. 1 Atm basınçtaki kaynama sıcaklığı -248.7 ^{0}C'dir. Kritik sıcaklığı -228.702^{0}C, kritik basıncı 2664 Kpa, kritik yoğunluğu 483 kg/m^3 'tür. Programımızda Benedict-Webb-Rubin hal denklemi ile hesaplaması yapılmıştır.

2.1.2.27 R718(H_2O): Su buharı, Buhar-jet soğutma makinalarında, iklimlendirme sistemlerinde başarıyla kullanılmaktadır Soğutucu madde olarak su, diğer soğutucu maddelere göre en bol ve en kolay bulunan bir maddedir. Sıfır derecede katı faza geçmesi kullanım alanını sınırlamaktadır Ucuz ve zehirsizdir Yüksek bir gizli ısısı vardır Ton başına hacimsel miktarı büyüktür. Su buharı, soğutucu akışkan olarak Absorbsiyonlu Soğutma Sistemlerin soğurucu olarak kullanılmakta ve burada amonyak ve lityumbromür ile karışım oluşturmaktadır.

Su buharının moleküler ağırlığı 18.015 g'dır. 1 Atm basınçtaki kaynama sıcaklığı 99.974^{0}C'dir. Kritik sıcaklığı 373.95^{0}C, kritik basıncı 22064 Kpa, kritik yoğunluğu 322 kg/m^3 'tür. Programımızda Helmholtz hal denklemi ile hesaplaması yapılmıştır.

2.1.2.28 R1150(Ethylene): Bu soğutucu akışkan, çok düşük sıcaklılar için çift kademeli sistemlerde kullanılmaktadır. Kimyasal formülü C2H4'tür. Moleküler ağırlığı 28.054 g'dır. 1 Atm basınçtaki kaynama sıcaklığı -103.85^{0}C'dir. Kritik sıcaklığı 9.25^{0}C, kritik basıncı 5040 Kpa, kritik yoğunluğu 215.138 kg/m3 'tür. Donma sıcaklığının -169.1 ^{0}C gibi düşük bir değerde olması çok düşük sıcaklıklardaki uygulamalara imkan tanımaktadır. Etilen soğutucu akışkanının en önemli avantajlarından biri -103.7 ^{0}C 'nin üzerindeki bütün sıcaklıklarda buharlaşma basıncının 1 atm 'den daha büyük olması ve yoğunlaşma basıncınınsa fazla yüksek olmamasıdır. Etilen gazının hava ile fazla miktarda karışması zararlıdır. Fakat genel halde sağlığa zararı önemsizdir. Hava ile karıştığında yanma işlemi kolayca meydana geldiği için , şiddetli bir patlayıcıdır. Bu nedenle sistemde kullanımına dikkat edilmelidir. Programımızda Benedict-Webb Rubin hal denklemi ile hesaplaması yapılmıştır.

2.1.2.29 R23(Trifluoromethane): Kimyasal formülü CHF3'tür.Moleküler ağırlığı 70.02 g'dır. 1 Atm basınçtaki kaynama sıcaklığı -82.03^{0}C'dir. Kritik sıcaklığı 25.92^{0}C, kritik basıncı 4836 Kpa, kritik yoğunluğu 525.02 kg/m^3 ve kritik özgül hacmi 0.00190 m3/kg'dır. R13 ve R503 gibi soğutucu akışkanların yerine kullanılmaktadır. Uygulama alanlarının başında medikal soğutucular ve klimatizasyon odaları gelmektedir. Düşük sıcaklık uygulamalarında kullanılan bir soğutucu akışkandır. Programımızda Martin-Hou hal denklemi ile hesaplaması yapılmıştır.

2.1.2.30 R124(Chlorotetrafluoroethane): Kimyasal formülü CHClFCF3'tür. Moleküler ağırlığı 136.48 g'dır.1 Atm basınçtaki kaynama sıcaklığı -11.963^{0}C'dir. Kritik sıcaklığı 122.28^{0}C, kritik basıncı 3624.3 Kpa, kritik yoğunluğu 560.0 kg/m^3 'tür. R114 soğutucu akışkanı yerine kullanılmaktadır. Uygulama alanlarının başında santrifüj soğutucular gelmektedir. R114 soğutucu akışkanına göre daha uzun ömürlüdür. Programımızda Benedict-Webb Rubin hal denklemi ile hesaplaması yapılmıştır.

2.1.2.31 R142b (CClF2CH3): Moleküler ağırlığı 100.5 g'dır. 1 Atm basınçtaki kaynama sıcaklığı -9.74^{0}C'dir. Kritik sıcaklığı 137.05^{0}C, kritik basıncı 4124 Kpa, kritik yoğunluğu 435.05 kg/m^3 'tür. R22 soğutucu akışkanı yerine kullanılabilecek alternatif bir soğutucu akışkandır. Kritik altı sıcaklıklarda sınırlı miktarda kullanılmaktadır. Ticari soğutucularda ve endüstriyel soğutma sistemlerinde kullanılan bir soğutucu akışkandır. Programımızda Martin-Hou hal denklemi ile hesaplaması yapılmıştır.

2.1.2.32 R1270(Propylene): Kimyasal formülü C3H6'dır. Moleküler ağırlığı 42.081 g'dır. 1 Atm basınçtaki kaynama sıcaklığı -47.69^{0}C'dir. Kritik sıcaklığı -92.42^{0}C, kritik basıncı 4664.6 Kpa, kritik yoğunluğu 223.39 kg/m^3 'tür. Propilen'in ozon tüketim potansiyeli sıfırdır. Ayrıca, çok düşük küresel ısınma potansiyeline sahiptir. Yüksek enerji etkinliğinde mükemmel termodinamik özelliklere sahiptir. Ticari soğutucularda, soğutma kabinlerinde, endüstriyel soğutma sistemlerinde, yiyeceklerin soğutulduğu cihazlarda, küçük ve geniş havalandırma ve soğutma sistemlerinde kullanılmaktadır. Programımızda Benedict-Webb Rubin hal denklemi ile hesaplaması yapılmıştır.

2.1.2.33 R402B: CHF2CF3/CH3CH2CH3/CHClF2(38/2/60%) moleküler ağırlığı 94.71g'dır. 1 Atm basınçtaki kaynama sıcaklığı 47.14 ^{0}C'dir. Kritik sıcaklığı 82.61^{0}C, kritik basıncı 4445.4 Kpa, kritik yoğunluğu 530.7 kg/m3 'tür. Dupont firması tarafından Suva HP81 adıyla piyasaya sunulmuştur. R502 soğutucu akışkanı yerine kullanılmaktadır. Uygulama alanlarının başında buz makineleri ve bağımsız üniteler gelmektedir. Programımızda Peng-Robinson-Stryjek-Vera hal denklemi ile hesaplaması yapılmıştır.

2.1.2.34 R401B: Kimyasal formülü CHCIF2/CH3CHF2/CHCIFCF3 (61/11/28%)'dir. Moleküler ağırlığı 92.84g'dır.1 Atm basınçtaki kaynama sıcaklığı -34.67 ^{0}C'dir. Kritik sıcaklığı 106.10^{0}C, kritik basıncı 4681.5 Kpa, kritik yoğunluğu 512.7 kg/m3 'tür. Dupont firması tarafından Suva MP66 adıyla piyasaya sunulmuştur. R12 ve R500 gibi soğutucu akışkanların yerine kullanılmaktadır. Ticari soğutucularda R12 soğutucu akışkanına göre daha düşük sıcaklıklarda çalışmaktadır. Programımızda Peng-Robinson-Stryjek-Vera hal denklemi ile hesaplaması yapılmıştır.

2.1.2.35 R508B (CHF3/CF3(46/54)): Moleküler ağırlığı 95.39g'dır. 1 Atm basınçtaki kaynama sıcaklığı -88.27 ^{0}C'dir. Bu nedenle düşük sıcaklık uygulamalarında kullanılmaktadır. Kritik sıcaklığı 14^{0}C, kritik basıncı 3926 Kpa, kritik yoğunluğu 586.20 kg/m3 'tür. Dupont firması Suva 95 adıyla piyasaya sunulmuştur. R13, R23 ve R503 gibi soğutucu akışkanların yerine kullanılmaktadır. Uygulama alanlarının başında medikal soğutucular ve klimatizasyon odaları gelmektedir. R23 ve R503 soğutucu akışkanlarına göre daha düşük maliyetlidir ve daha düşük boşaltma sıcaklığına sahiptir. Ayrıca soğutma kapasitesi R13 soğutucu akışkanına göre %30 daha fazladır. Programımızda Martin-Hou hal denklemi ile hesaplaması yapılmıştır.

2.1.2.36 R32(Difluoromethane): Kimyasal formülü CH_2F_2'dir. Moleküler ağırlığı 52.044 gr'dır. 1 Atm basınç altında kaynama sıcaklığı -51.651 ^{0} C'dir. Kritik sıcaklığı 78.105 ^{0} C'dir. Kritk basıncı 5782 Kpa ve kritik yoğunluğu 424 kg/m^3'tür. R22 yerine kullanılan bir soğutucu akışkandır. Ticari soğutucularda ve endüsdtriyel soğutma sistemlerinde kullanılmaktadır. Ozon delme potansiyeli düşüktür. Programızda ISO17584:2005 hal denklemi ile hesaplanmaktadır.

3.Temel Termodinamik Bağıntılar

3.1 Maxwell ve Classius-Clapeyron Bağıntıları

Bir soğutucu akışkanın termodinamik özelliklerini belirlemek için gerekli olan termodinamik değerlerin tamamı, gerçek gaz hal denklemleri yardımıyla hesaplanabilir. Yukarıda direk olarak verilmeyen entalpi, entropi gibi fonksiyonların bu fonksiyonlardan türetilmesi için temel termodinamik bağıntılar kullanılır. Maxwell bağıntıları adını verdiğimiz 4 temel bağıntı :

$$\left(\frac{\partial T}{\partial V}\right)_s = \left(\frac{\partial P}{\partial s}\right)_V \tag{3.1}$$

$$\left(\frac{\partial T}{\partial P}\right)_s = \left(\frac{\partial V}{\partial s}\right)_P \tag{3.2}$$

$$\left(\frac{\partial P}{\partial T}\right)_V = \left(\frac{\partial s}{\partial V}\right)_T \tag{3.3}$$

$$\left(\frac{\partial V}{\partial T}\right)_P = \left(\frac{\partial s}{\partial P}\right)_T \tag{3.4}$$

Yukarıda verilen Maxwell Bağıntıları bilinen termodinamik bağıntılardan bilinmiyenleri hesaplama olasılığı verir. Maxwell bağıntıları diferansiyel hal denklemleri birlikte kullanılarak entropi, iç enerji ve entalpi değerlerinin hesaplanmasını sağlayan denklemler geliştirilmiştir. Örneğin hal denklemleri P(t,v) formunda verilmişse;

$$ds = \left(\frac{\partial s}{\partial T}\right)_v dT + \left(\frac{\partial s}{\partial V}\right)_T dv \tag{3.5}$$

$$ds = \frac{C_v}{T} dT + \left(\frac{\partial P}{\partial T}\right)_v dv \tag{3.6}$$

$$s = s_0 + \int_{T_0}^{T} \left(\frac{C_v^0}{T}\right)_V dT + \int_{v_0}^{v} \left(\frac{\partial P}{\partial T}\right)_T dv \tag{3.7}$$

iç enerji (u) için bu eşitlik yazıldığında;

$du = Tds - Pdv$ ve ds in üst denklemdeki değerini yerine koyarsak (3.8)

$$du = T\left(\frac{C_v}{T} dT + \left(\frac{\partial P}{\partial T}\right)_v dv\right) - Pdv \tag{3.9}$$

$$du = C_v dT + \left(T\left(\frac{\partial P}{\partial T}\right)_v - P\right) dv \tag{3.10}$$

denklem entegre edildiğinde;

$$u = u_0 + \int_{T_0}^{T} C_v dT + \int_{v_0}^{v} \left(T\left(\frac{\partial P}{\partial T}\right)_v - P\right) dv \tag{3.11}$$

bu form P(T,v) formunda verilmiş bir denklemden iç enerjiyi hesaplamak için uygundur. Entropi hesabında 3.6 ve 3.7 nolu denklemler kullanılabilir. Entalpi hesaplamak için h=u+Pv denkleminden yararlanılabilir. Soğutucu akışkanlar için burada kimyasal potansiyel terim ihmal edilmiştir. Denklem herhangi bir kimyasal reaksiyon olmadığını varsaymaktadır. Hal denklemi olarak göreceli çok kullanılan diğer bir denklem de helmholts serbest enerji denklemidir. Bu denklem bize hiçbir integrasyon gereksinimi olmadan sadece türevler kullanarak tüm termodinamik özellikleri hesaplama olasılığı verir. Soğutucu akışkanların termodinamik özelliklerinin belirlenmesi için verilen son standart olan ISO17584:2005 de Hal denklemi olarak Helmholts serbest enerji denklemini kullanmaktadır.

$$dA = -SdT - PdV \tag{3.12}$$

$$S = -\left(\frac{\partial A}{dT}\right)_v \tag{3.13}$$

$$P = -\left(\frac{\partial A}{dV}\right)_T \tag{3.14}$$

$$dU = TdS - PdV \tag{3.15}$$

seti tüm denklemleri hesaplamamızı sağlayacaktır.

Termodinamik özelliklerin hesaplanmasında faz değişim bölgesinin de ayrıca hesaplanması gerekir. Soğutucu akışkanlar, güç çevrimleri gibi faz değiştirmeli uygulamalarda faz değişim enerjisinin bilinmesi zorunludur. Entalpi denklemi

$$dh = Tds + vdP \tag{3.16}$$

Saf maddelerin faz değişme prosesi sırasında basınç sabit kalır bu yüzden denklemimiz bu bölge için

$dh = Tds$ formunu alır. Bu denklemi (3.17)

$$(h_g - h_f) = T(s_g - s_f) \tag{3.18}$$

formunda yazabiliriz. Denklem 3.1 bu bölgeye uygulanırsa;

$$\left(\frac{\partial s}{\partial v}\right)_T = \left(\frac{\partial P}{\partial T}\right)_v$$

$$\left(\frac{s_g - s_f}{v_g - v_f}\right)_T = \left(\frac{\partial P}{\partial T}\right)_v$$ (3.1a) Bu denklem (3.18) ile birleştirilirse

$$\left(\frac{h_g - h_f}{T(v_g - v_f)}\right) = \left(\frac{\partial P}{\partial T}\right)_v$$ (3.1b) formunu alır.

Bu denkleme Classius Clapeyron denklemi adı verilir. Görüldüğü gibi bu denklem kullanılarak faz değişme bölgesindeki P(T) ilişkisi biliniyorsa entalpi, entropi ve diğer özellikler hesaplanabilir, yalnız ek olarak doymuş buhar ve doymuş sıvı özgül hacimlerinin de bilinmesi gerekir.

Şu an kadar verilen tüm denklemler akışın termodinamik dengede olduğu varsayımı ile oluşturulmuş termodinamik özelliklerdir. Termodinamik özellikler soğutucu akışkanların sistem modellemeleri için gereklidir, fakat yeterli değildir. Isı iletim katsayısı, vizkozite, yüzey gerilim katsayısı gibi denge termodinamiğinde verilmeyen ek fiziksel özelliklere de ihtiyaç vardır. Bu özellikler genellikle deneysel olarak saptanır ve eğri uydurularak soğutma sistemi modellerinde kullanılır

3.2.Soğutucu Akışkanlar İçin Gerçek Gaz Hal Denklemleri

Yukarıda bahsedilen temel termodinamik denklemlerden yola çıkılarak geliştirilen gerçek gaz hal denklemleri ile soğutucu akışkanların termodinamik özelliklerinin hesaplanması mümkündür. Soğutucu akışkanlar ve ikincil soğutucu akışkanlar için kullanacağımız çeşitli hal denklemleri mevcuttur. Bu denklemlerden en çok kullanılanlar aşağıda verilmektedir:

3.2.1 ISO 17584:2005(E) Helmholtz Hal Denklemi

Uluslar arası standartlar enstitüsü (ISO) soğutkanların termodinamik özelliklerini hesaplayan çok çeşitli formüller olması nedeniyle ve bu özelliklerdeki değişmelerin uluslar arası ticareti etkileyebileceğini göz önüne alarak standart hal denklemleri yayınlamış ve mümkün oldukça bu denklemlerin kullanılmasını istemiştir. Standartta da belirtildiği gibi bu bitmemiş bir prosestir, tüm soğutkanları kapsamamaktadır, ancak durumun önemi nedeniyle bir başlangıç olarak 14 soğutkanın termodinamik özelliklerini veren veri ile birlikte denklemler bir standart olarak yayınlanmıştır. Standartta aşağıdaki soğutucu akışkanların verileri yer almıştır:

R744(Karbondioksit)

R32 (Diflorometan)

R123(2,2-dikloro,1,1,1 trifloroetan)

R125(Pentafloroetan)

R134a(1,1,1,2 tetrafloroethan)

R143a(1,1,1 trifloroetan)

R152a(1,1 difloroetan)

R404A-R125/142a/134a(23/25/52)

R407C-R32/125/134a(23/25/52)

R410A-R32/125(50/50)

R507A-R125/143A(50/50)

Standart temel hal denklemi olarak Helmholtz serbest enerji denklemi kullanmıştır. Bu denklem saf soğutkanlar için :

$$\phi = \frac{A}{RT} = \phi_{id} + \phi_r \tag{3.19}$$

$$\phi_r = \sum_k N_k / \tau^{t_k} \delta^{d_k} \exp\left[-\alpha_k (\delta - \varepsilon_k)^{l_k}\right] \exp\left[-\beta_k (\tau - \gamma_k)^{m_k}\right] \tag{3.20}$$

Denklemin ideal gaz terimi :

$$\phi_{id} = \frac{h_{ref}}{RT} - \frac{s_{ref}}{R} - 1 + \ln\left(\frac{RT\rho}{P_{ref}}\right) + \frac{1}{RT}\int_{T_{ref}} C_{p,id} dT - \frac{1}{R}\int_{T_{ref}}^{T} \frac{C_{p,id}}{T} dT \tag{3.21}$$

h_{ref} genellikle 0 C de doymuş sıvı entalpisi olarak 200 kJ/kg olarak seçilir, Genellikle 0 C de doymuş sıvı entropisi olarak 1 kJ/kg K olarak seçilir. Ancak değişik referanslarda aynı aynı entalpi entropi değerlerini verme şartıyla seçilebilir. Denklem aynı zamanda ideal gaz sabit hacimde ısı kapasitesinin bilinmesini gerektirmektedir. Bu ısı kapasitesi :

$$\frac{C_{p,id}}{R} = c_0 + \sum_k c_k T^{t_k} + \sum_k a_k \frac{u_k^2 \exp(u_k)}{[\exp(u_k) - 1]^2} \tag{3.22}$$

Buradaki

$u_k = \frac{b_k}{T}$, c_k, a_k ve t_k soğutkana eğri uydurma ile elde edilen katsayılardır.

Bazı denklemler için ideal gaz ek Helmholtz serbest enerji komponenti:

$$\phi_{id} = d_1 + d_2\tau + \ln\delta + d_3 \ln\tau + \sum_k d_k \tau^{t_k} + \sum_k a_k \ln[1 - \exp(-\tau\lambda_k)] \quad (3.23)$$

Burada d_1, d_2 ,d_3, d_k , λ_k, t_k katsayılardır. Denklem (3.22) aslında denklem (3.23) ' ün aynısıdır. Eşdeğer C_p fonksiyonunu

$$\frac{C_{p,id}}{R} = d_0 + 1 - \sum_k d_k t_k (t_k - 1)\left(\frac{T^*}{T}\right)^{t_k} + \sum_k a_k \frac{u_k^2 \exp(u_k)}{[\exp(u_k) - 1]^2} \quad (3.24)$$

Bazı soğutkanlar için Helmholtz serbest enerji denklemine üçüncü bir terim daha ekliyebiliriz.

$$\phi = \frac{A}{RT} - \phi_{id} + \phi_r + \phi_{crit} \quad (3.19a)$$

$$\phi_{crit} = \sum_k N_k \delta\Delta^{b_k} \Psi \quad (3.25)$$

Burada

$$\Delta = \theta^2 + B_k\left[(\delta - 1)^2\right]^{a_k} \quad (3.26)$$

$$\theta = (1 - \tau) + A_k\left[(\delta - 1)^2\right]^{1/(2\beta_k)} \quad (3.27)$$

$$\Psi = \exp\left[-C_k(\delta - 1)^2 - D_k(\tau - 1)^2\right] \quad (3.28)$$

Alternatif olarak Benedict-Webb-Rubin denklemi Hal denklemi olarak verilmişse, bu hal denklemi de Gibbs serbest enerji hal denklemine dönüştürülebilir.

$$P = \sum_{k=1}^{9} a_k \rho^k + \exp(-\rho^2 / \rho_{crit}^2) \sum_{k=10}^{15} a_k \rho^{2k-17} \quad (3.29)$$

Denklemde a_k katsayılardır. Daha önce verilen Helmholtz serbest enerji denklemini göz önüne alacak olursak:

$$P = -\left(\frac{\partial A}{dV}\right)_T \quad (3.30)$$

$$\phi_r = \frac{A_r(T,\rho)}{RT} = -\int_V^{\infty}\left(\frac{P}{RT}-\rho\right)dV \tag{3.31}$$

olarak ifade edilebilir. Bu denklem ideal gaz Helmholtz serbest enerji denklemiyle birlikte kullanılarak gerçek hal denklemi elde edilir.

Soğutucu akışkan Helmholtz serbest enerji denklemi elde edildikten sonra türevleri kullanılarak değişik termodinamik özellikler türetilir.

$$P = RT\rho\left(1+\delta\frac{\partial\phi_r}{\partial\delta}\right) \tag{3.32}$$

$$u = RT\left(\tau\frac{\partial\phi_{id}}{\partial\tau}+\tau\frac{\partial\phi_r}{\partial\tau}\right) \tag{3.33}$$

$$h = RT\left(1+\tau\frac{\partial\phi_{id}}{\partial\tau}+\tau\frac{\partial\phi_r}{\partial\tau}+\delta\frac{\partial\phi_r}{\partial\delta}\right) \tag{3.34}$$

$$s = R\left(-(\phi_{id}+\phi_r)+\tau\frac{\partial\phi_{id}}{\partial\tau}+\tau\frac{\partial\phi_r}{\partial\tau}\right) \tag{3.35}$$

$$g = RT\left(1+\phi_{id}+\phi_r+\delta\frac{\partial\phi_r}{\partial\delta}\right) \tag{3.36}$$

$$C_v = R\left(-\tau^2\frac{\partial^2\phi_{id}}{\partial\tau^2}-\tau^2\frac{\partial^2\phi_r}{\partial\tau^2}\right) \tag{3.37}$$

$$C_p = C_v + R\frac{\left(1+\delta\frac{\partial\phi_r}{\partial\delta}-\delta\tau^2\frac{\partial^2\phi_r}{\partial\tau\partial\delta}\right)}{1+2\delta\frac{\partial\phi_r}{\partial\delta}+\delta^2\frac{\partial^2\phi_r}{\partial\delta^2}} \tag{3.38}$$

Doyma bölgesi denklemleri hal denkleminden

$$P(\tau,\delta_{sıvı}) = P(\tau,\delta_{gaz}) \tag{3.39}$$

$$g(\tau,\delta_{sıvı}) = g(\tau,\delta_{gaz}) \tag{3.40}$$

Denklemleri kullanarak da elde edilebilir. Üst bölümde yer alan bu denklemler kübik şerit eğri uydurmasıyla elde ederek kullanılmıştır.

Eğer soğutucu akışkan saf bir akışkan değil, bir akışkanlar karışımı ise karışım kurallarını kullanarak karışımın termodinamik özelliklerini karışımın içindeki saf maddelerin termodinamik özelliklerinden elde etmek gerekmektedir.

$$\phi_{mix} = \frac{A}{RT} = \phi_{mix,id} + \phi_{mix,r} \tag{3.41}$$

$$\phi_{mix,id} = \sum_{i=1}^{n} \left[x_i \phi_{i,id} + x_i \ln x_i \right] + f_3 + f_4 / T \tag{3.42}$$

x_i i inci komponentin mol oranı $x_i = \dfrac{N_i}{\sum_{i=1}^{N} N_i}$

$x_i \ln x_i$ Entropi teriminden gelen karışım terimi

f_3 ve f_4 terimleri karışım entalpisi ve entropisinin saf sıvılarda olduğu gibi referans değerinde (0 C da sıvı formunda) entalpi değerini 200 kJ/kg , Gerçek gaz komponentinde;

$$\phi_{mix,r} = \sum_{i=1}^{n} x_i \phi_{i,r} + \sum_{i=1}^{n-1} \sum_{j=i+1}^{n} x_i x_j \phi_{ij} \tag{3.43}$$

$$T^* = \sum_{i=1}^{n} x_i T_i^* + \sum_{i=1}^{n-1} \sum_{j=i+1}^{n} x_i x_j \zeta_{ij} \tag{3.44}$$

$$\delta = \frac{\rho_{mix}}{\rho^*} \tag{3.45}$$

$$\frac{1}{\rho^*}=\sum_{i=1}^{n}\frac{x_i}{\rho_i^*}+\sum_{i=1}^{n-1}\sum_{j=i+1}^{n}x_i x_j \xi_{ij} \qquad (3.46)$$

Denklemlerdeki ξ_{ij} ve ζ_{ij} iki gazın birlikte olmasından dolayı moleküler çekim kuvvetlerinden doğan ikili katsayılardır. T_i^* ve ρ_i^* saf sıvıların katsayıları olup genellikle kritik değerler olarak alınırlar. ϕ_{ij} fonksiyonu aşağıdaki şekilde hesaplanır:

$$\phi_{ij}=F_{ij}\sum_k N_k \delta^{d_k}\tau^{t_k}\exp(-\delta^{l_k}) \qquad (3.47)$$

Saf gaz katsayılarına örnek değerler olarak R744 karbondioksitin katsayıları Tablo 3.2.1-1 ve Tablo 3.2.1-2 de verilmiştir:

Tablo 3.2.1-1 R744(karbondioksit) katsayıları

k	a_k	b_k	c_k
0	—	—	3,5
1	1.99427042	958.49956	—
2	0.621052475	1858.80115	—
3	0.411952928	2061.10114	—
4	1.04028922	3443.89908	—
5	0.083276775	8238.20035	—

Tablo 3.2.1-2 R744(karbondioksit) katsayıları

k	N_k	t_k	d_k	l_k	α_k	m_k	β_k	γ_k	ε_k
1	3.885682320320E-01	0	1	0	0	.	.		
2	2.938547594270E+00	0.75	1	0	0	.	.		
3	5.586718853490E+00	1	1	0	0	.	.		
4	7.675319959250E-01	2	1	0	0	.	.		
5	3.172900558040E-01	0.75	2	0	0	.	.		
6	5.480331589780E-01	2	2	0	0	.	.		
7	1.227941122030E-01	0.75	3	0	0	.	.		
8	2.165896154320E+00	1.5	1	1	1	.	.		
9	1.584173510970E+00	1.5	2	1	1	.	.		
10	2.313270540550E-01	2.5	4	1	1	.	.		
11	5.811691643140E-02	0	5	1	1	.	.		
12	5.536913720540E-01	1.5	5	1	1	.	.		
13	4.894661590940E-01	2	5	1	1	.	.		
14	2.427573984350E-02	0	6	1	1	.	.		
15	6.249479050170E-02	1	6	1	1	.	.		
16	1.217586022520E-01	2	6	1	1	.	.		
17	3.705568527010E-01	3	1	2	1	.	.		
18	1.677587970040E-02	6	1	2	1	.	.		
19	1.196073663800E-01	3	4	2	1	.	.		
20	4.561936250880E-02	6	4	2	1	.	.		
21	3.561278927030E-02	8	4	2	1	.	.		

22	7.442772713210E-03	6	7	2	1	.	.		
23	1.739570490240E-03	0	8	2	1	.	.		
24	2.181012128950E-02	7	2	3	1	.	.		
25	2.433216655920E-02	12	3	3	1	.	.		
26	3.744013342350E-02	16	3	3	1	.	.		
27	1.433871575690E-01	22	5	4	1	.	.		
28	1.349196908330E-01	24	5	4	1	.	.		
29	2.315122505350E-02	16	6	4	1	.	.		
30	1.236312549290E-02	24	7	4	1	.	.		
31	2.105832197290E-03	8	8	4	1	.	.		
32	3.395851902640E-04	2	10	4	1	.	.		
33	5.599365177160E-03	28	4	5	1	.	.		
34	3.033511805560E-04	14	8	6	1	.	.		
35	2.136548868830E+02	1	2	2	25	2	325	1.16	1
36	2.664156914930E+04	0	2	2	25	2	300	1.19	1
37	2.402721220460E+04	1	2	2	25	2	300	1.19	1
38	2.834160342400E+02	3	3	2	15	2	275	1.25	1
39	2.124728440020E+02	3	3	2	20	2	275	1.22	1

Tablo 3.2.1-3 R744(karbondioksit) Kritik bölge katsayıları

k	N_k	a_k	b_k	β_k	A_k	B_k	C_k	D_k	
40	6.664227654080E-01	3.5	0.875	0.3	0.7	0.3	10	275	
41	7.260863234990E-01	3.5	0.925	0.3	0.7	0.3	10	275	
42	5.506866861280E-02	3	0.875	0.3	0.7	1	12.5	275	

R744 Normalizasyon faktörleri

$T^* = 304.128\ 2$ K, $\rho^* = 10.6249063$ mol/l, $M = 44.009\ 8$ g/mol,

$R = 8.31451$ J/(mol·K)

R744 Referans parametreleri

$Tref = 273.15$ K, $pref = 1.0$ kPa, $href = 21389.328$ J/mol, $sref = 155.741\ 4$ J/(mol·K), $f1 = 5.805\ 551\ 35$, $f2 = 1555.79710$

3.2.2 Martin-Hou Hal Denklemi

Soğutucu akışkanların termodinamik özelliklerini Martin - Hou denklemi kullanılarak hesaplanmaktadır. Martin- Hou denklemi bir çok soğutma akışkanın tanımında kullanılan ve temel olarak buhar bölgesinin özelliklerini tanımlayan bir gerçek hal denklemidir. Bu denklemin önemi göreceli olarak eski bir denklem olduğundan bilhassa soğutucu akışkanlar için oldukça geniş bir veri tabanına sahip olmasından kaynaklanmaktadır. Bu denklem sıvı bölgesini tanımlamadığı için sıvı yoğunluğu ile ilgili ek denkleme de ihtiyaç duyulmaktadır. Ayrıca sıvının doyma basıncı, ideal gaz özgül ısısı gibi özellikler de ayrıca tanımlanmalıdır. Entalpi, entropi gibi diğer termodinamik özellikler hal denkleminden Maxwell bağıntıları yardımıyla türetilirler. Martin – Hou denklemi ilk defa 1955de yayınlandığı haliyle;

$$P = RT/(V-b) + \sum_{i=2}^{5} (A_i + B_i T + C_i e^{-\gamma})/(V-b)^i \qquad (3.48)$$

şeklindedir. Bu denklemdeki $\gamma = KT/T_c$ olarak tanımlanmıştır. Daha sonra bazı soğutucu akışkanlar için denkleme ek terimler eklenmiş ve Martin-Hou denklemi

$$\begin{aligned} P &= RT/(V-b) + \sum_{i=2}^{5} (A_i + B_i T + C_i e^{-\gamma})/(V-b)^i \\ &+ (A_6 + B_6 T + C_6 e^{-\gamma})/[e^{uV}(1 + C' e^{uV})] \end{aligned} \qquad (3.49)$$

halini almıştır. Denklem katsayıları 16 değişik soğutucu akışkan için ASHRAE, soğutucu akışkanların termodinamik özellikleri kitabında verilmiştir. Örnek olarak kullanılan soğutucu akışkanlardan biri olan R23'ün kat sayılarını verebiliriz:

Tablo 3.2.2-1 R23 Soğutucu Akışkanı için Martin- Hou denklemi A,B,C kat sayıları

İ	A	B	C
1	0.0	0.0	0.0
2	–1.257406 E–01	1.679677 E–04	–4.293246 E+00
3	–2.092649 E–05	2.335060 E–07	9.966228 E–03
4	2.165681 E–07	–6.944729 E–10	0.0
5	–2.529079 E–10	7.596729 E–13	–4.833999 E–09
6	0.0	0.0	0.0

R23 için hal denklemindeki diğer kat sayılar K=5.5, b= 7.803500 E–05 değerlerini alır. Doyma basıncı denklemi kısmi sürekli olarak $T_{Li} >= T > T_{Hi}$ aralığı için

$$\log_{10}(P_s) = A_1 + A_2/T + A_3 / T^2 + A_4 \log_{10}(T) + A_6 T^2 + A_7 T^3 + [A_8(A_9 T)/T]\log_{10}[(A_9 - T)*1.8] \quad (3.50)$$

şeklinde tanımlanmıştır. Bu denklem altı sıcaklık aralığına bölünmüş olarak kullanılabilecek tarzda programlara aktarılmıştır.

Tablo 3.2.2-2 R23 Soğutucu Akışkanı için Martin- Hou denklemi doymuş akışkan sıcaklık basınç fonksiyonu kat sayıları

A	2.928566 E+02
B	–4.418205 E+03
C	–1.445142 E+02
D	4.358070 E–01
E	–6.894935 E–04
F	5.502466 E–07

İdeal gaz özgül ısı denklemi termodinamik modelin oluşması için gerekli diğer bir denklemdir.

$$C_v^0=G_1+G_2T+G_3T^2+G_4T^3+G_5/T^2+G_6T^4 \quad (3.51)$$

Tablo 3.2.2-3 R23 Soğutucu Akışkanı için Martin- Hou denklemi ideal gaz özgül ısı fonksiyonu katsayıları

a	3.191536 E–01
b	–5.694947 E–05
c	5.295808 E–06
d	–5.990234 E–09
f	0.0

Doymuş sıvı yoğunluğu sadece gaz bölgesi için verilmiş olan Martin- Hou denklemi için tanımlı değildir, bu yüzden ek denklem olarak verilmiştir. Doymuş sıvı yoğunluğunu çeşitli soğutucu akışkanlar için çeşitli denklemlerle tanımlayabiliriz. Bu akışkanların hepsinin kat sayıları şu anda modelimize henüz eklenmiş durumda değildir, ancak zaman içinde ekleneceği için, bilgisayar modelinde hepsinin denklemleri tanımlanmıştır. Soğutucu akışkanlar R-23, R142b, R508B için

$$1/V' = \rho' = E_1 + \sum_{i=2}^{5} E_i \tau^{(i-1)/3} \tag{3.52}$$

Bu denklemde

$$\tau = 1 - T/T_c \tag{3.53}$$

olarak tanımlanmıştır.

$$1/V' = \rho' = E_1 + E_2(T_c - T) + E_3(T_c - T)^{1/2} + E_4(T_c - T)^{1/3} + E_5(T_c - T)^2 \tag{3.54}$$

tanımı yapılmıştır. Yine örnek olarak R-23 için doymuş sıvı yoğunluğu denkleminin katsayıları verildiğinde:

Tablo 3.2.2-4 R23 Soğutucu Akışkanı için Martin- Hou denklemi doymuş sıvı yoğunluğu fonksiyonu katsayıları

A_f	5.250179 E+02
B_f	1.015216 E+03
C_f	–4.053520 E+02
D_f	2.309251 E+03
E_f	–1.700080 E+03

Doymuş buhar yoğunluğu denklemi termodinamik özellik denklemlerinden değildir, çünkü bu değer hal denkleminin kendisinin doyma basınç denkleminin verdiği değer için çözülmesiyle elde edilebilir. Ancak bu çözüm Newton - Raphson metodu gibi sayısal lineer olmayan denklem çözüm teknikleri gerektirdiğinden, doymuş buhar yoğunluğu denklemi çözümlerimizde kullanabileceğimiz bir denklemdir. Bu denklem :

$$\ln(1/V) = \ln(\rho) = \sum_{i=-10}^{13} F_{i+11} \tau^{i/3} + F_{25} \ln(1-\tau) \tag{3.55}$$

şeklinde tanımlanmıştır. τ değişkeni tanımı denklem 3.56 'da verildiği gibidir. Yine örnek olarak R-23 için doymuş buhar yoğunluğu denkleminin katsayıları verildiğinde;

Tablo 3.2.2-5 - R23 Soğutucu Akışkanı için Martin-Hou denklemi doymuş buhar yoğunluğu fonksiyonu kat sayıları

İ	Fi
7	-0.1680024749e-4
11	0.1344723347
12	-2.845461973
14	0.1292966614e3
20	0.3106835616e4
21	-0.1189422522e5
22	0.1914759823e5
23	-0.1472081631e5
24	0.4527640563e4
25	0.1306817379e3

Tabloda listelenmeyen kat sayılar 0'a eşittir. Bu hal denkleminden diğer termodinamik özellikleri hesaplarken 3.1, 3.2, 3.3, 3.4 denklemlerinden yararlanarak hesaplabileceğimiz gibi 3.22, 3.24, 3.34 denklemleri yardımıyla Helmholtz serbest enerji denklemine dönüştürerek te kullanılabilir.

3.2.3 Benedict-Webb-Rubin (BWR) Hal Denklemi:

Gerçek gaz denklemleri içerisinde en çok bilinenlerinden birisi de 1940 yılında yayınlanan Benedict-Webb-Rubin (BWR) hal denklemidir. Bu denklemin orjinali hafif hidrokarbonların termodinamik özelliklerini belirliyebilmek için geliştirilmiştir. Oldukça iyi sonuçlar veren bu denklem çeşitli uygulamalarda daha iyi sonuçlar alabilmek için değişimlere uğratılmıştır. Bu değişik formlarının en yaygın olarak kullanılanı tüm kimyasalların genel modellemesinin de yapıldığı Lee - Kesler denklemidir. Ayrıca değiştirilmiş Benedict-Webb-Rubin Hal denklemi (MBWR) soğutucu akışkanların termodinamik özelliklerinin belirlenmesi için de sıkça kullanılmaktadır. Bu denklem değiştirilmiş formunda soğutucu akışkanların gaz ve sıvı fazları için geçerli bir denklemdir. Geliştirdiğimiz refrigerant.java programında R124, R50, R702, R720, R732, R740 , R1150 soğutucu akışkanları MBWR denklemi ile hesaplanmaktadır. Burada MBWR denkleminin tanımı ve termodinamik özelliklerinin hesaplanması işlevinin detayları verilmektedir. Detayları verirken örnek olarak R124 soğutucu akışkanının katsayıları listelenmektedir, ancak bu denklem gerektiğinde her türlü soğutucu akışkanın katsayılarını elde edebileceğimiz oldukça yaygın olarak kullanılan bir denklemdir.

Soğutucu akışkanlar için BWR denklemi

$$\mathbf{P/100 = a_n/V^n + exp\,(-V_c^2/V^2)} \sum_{n=10}^{15} \mathbf{a_n/V^{(2n-17)}} \qquad (3.56)$$

Denklemdeki sıcaklığa bağımlı a katsayıları ise

Tablo 3.2.3-1 BWR Denklem Fonksiyonları

i	a_i
1	RT
2	a1T + a2*T0.5 + a3 + a4/T + a5/T2
3	a6T + a7 + a8/T + a9/T2
4	a10T + a11 + a12/T
5	a13
6	a14/T + a15/T2
7	A16/T
8	a17/T + a18/T2
9	a19/T2
10	a20/T2 + a21/T3

11	a22/T2 + a23/T4
12	a24/T2 + a25/T3
13	a26/T2 + a27/T4
14	a28/T2 + a29/T3
15	a30/T2 + a31/T3 + a32/T4

Bağıntılarıyla verilmiştir.

Örnek olarak halen en fazla kullanılan soğutucu akışkanlardan biri olan R124'ün denklem sabitleri verilmiştir:

Tablo 3.2.3-2 R124 Soğutucu Akışkanı için b_i denklem kat sayıları

i	b_i	i	b_i
1	–1.093 499 8834 E–01	17	–4.341 417 4810 E-02
2	1.412 915 2134 E+01	18	6.087 601 4233 E+00
3	–3.958 118 5940 E+02	19	–9.236 773 0850 E-02
4	8.427 861 7366 E+04	20	–1.739 814 0703 E+06
5	–1.025 411 8461 E+07	21	–2.090 178 0183 E+08
6	–1.945 626 2361 E–02	22	–1.396 901 2702 E+05
7	1.903 030 6923 E+01	23	4.413 165 7352 E+09
8	–6.913 678 5143 E+03	24	–1.075 659 0479 E+03
9	3.455 992 7149 E+06	25	–4.917 532 0614 E+05
10	2.582 477 9719 E–05	26	–5.629 267 6796 E+01
11	1.762 181 2116 E+00	27	1.396 047 3186 E+06
12	–7.801 144 8973 E+02	28	7.325 801 6846 E–02
13	–8.871 006 1339 E–02	29	–8.503 836 2566 E+01
14	–4.913 005 8929 E+00	30	–5.234 670 9799 E–03

15	−1.820 624 5328 E+03	31	1.265 589 6060 E+00
16	1.201 399 3516 E+00	32	−6.230 706 3545 E+02

Tablo 3.2.3-3 R124 Soğutucu Akışkanının diğer fiziksel özellikleri

Kimyasal Formül	Sembol	CH_2FCF_3
Molekül ağırlığı	M	102.03
Kaynama sıcaklığı		-26.06
Kritik Sıcaklık	T_c	122.47 C = 395.62 K
Kritik Basınç	P_c	3634.0 kPa
Kritik yoğunluk	ρ_c	553.8 kg/m^3
Kritik hacim	v_c	0.00181 m^3/kg

Tablo 3.2.3 -4 BWR Denkleminde kullanılan sabit değerler

Sabitin adı	Birimi	Değeri
Gaz sabiti	R	8.314 J/(mole)K
Referans entalpi	h_f	200 kJ/kg O C de
Referans entropi	s_f	1 kJ/kg 0 C de
Atmosfer basıncı	P_{atm}	101.325 kPa

Doyma basıncı denklemi kısmi sürekli olarak $T_{Li} >= T > T_{Hi}$ aralığı için

$$\log_{10}(P_s)=A_1+A_2/T+A_3\log_{10}(T)+A_4T+[A_5(A_6-T)/T]\log_{10}[(A_6-T)] \qquad (3.57)$$

şeklinde tanımlanmıştır.

Bu denklem altı sıcaklık aralığına bölünmüş olarak kullanılabilecek tarzda programlara aktarılmıştır. Örneğin soğutucu akışkan R124 için -100 C >= T > 101 C sıcaklık aralığında Ai kat sayıları Tablo 3.2.3-5 da verilmiştir.

Tablo 3.2.3-5 - R124 Soğutucu Akışkanı için (3.60) denklemi doymuş akışkan sıcaklık - basınç fonksiyonu kat sayıları

İ	Ai
1	3.863136 E+01
2	–2.338098 E+03
3	–1.229615 E+01
4	7.017134 E–03
5	1.960258 E–01
6	3.956250 E+02

İdeal gaz özgül ısı denklemi termodinamik modelin oluşması için gerekli diğer bir denklemdir.

$$C_p=C_{p1}+C_{p2}T+C_{p3}T^2 \text{ (J/mol.K)} \tag{3.58}$$

R124 soğutucu akışkanı için Cp katsayıları aşağıda verilmektedir:

$C_{p1}=$ 3.097313 E+01

$C_{p2}=$ 2.542149 E–01

$C_{p3}=$ –9.360258 E–05

Doymuş sıvı yoğunluğunu sıvı bölgesi içinde tanımı verilmiş olan MBWR denklemiyle tanımlanabilir. Ancak burada ek denklem olarak yine de tanımlanmıştır. Ek denklemler iteratif proseslerde ilk tahmin değeri oluşturması için kullanılabilirler. Bu modelde kullandığımız doumuş sıvı yoğunluğu denklemi

$$1/V'=\rho'=E_1+\sum_{i=2}^{5}E_i\tau^{(i-1)/3} \tag{3.59}$$

Bu denklemde

$\tau = 1 - T / T_c$ (3.60)

olarak tanımlanmıştır.

Yine örnek olarak R-124 için doymuş sıvı yoğunluğu denkleminin katsayıları verildiğinde;

Tablo 3.2.3-6 R124 Soğutucu Akışkanı için BWR denklemi doymuş sıvı yoğunluğu fonksiyonu katsayıları

İ	**E_i**
1	5.726645 E+02
2	7.695289 E+02
3	1.332045 E+03
4	–1.483957 E+03
5	9.259285 E+02

Propilen (R1270) soğutucu akışkanının hesaplanmasında BWR denklemi kullanılabilir, fakat bu denklem yukarıda verilen BWR denklemi farklı bir şekilde tanımlanmıştır. Bu denklem;

$$Z = P / \rho RT = 1 + w(N_1 * \tau + N_2 * \tau^2 + N_3 * \tau^3) +$$
$$w^2(N_4 + N_5 * \tau + N_6 * \tau^2) + w^3(N_7 * \tau^2 + N_8 * \tau^3) +$$
$$w^4(N_9/\tau + N_{10} + N_{11} * \tau + N_{12} * \tau^2) +$$
$$w^5 N_{13} * \tau^3 + w^6 N_{14} * \tau^3 + w^7 N_{15} * \tau^3 +$$
$$w^2 \exp(-w^2)(N_{16} * \tau^5 + w^2 N_{17} * \tau^5 + w^4 N_{18} * \tau^3 + w^6 N_{19} * \tau^3 +$$
$$w^8 N_{20} * \tau^3 + w^{12} N_{21} * \tau^4) \quad (3.61)$$

Bu denklemde;

$w = \rho / \rho_{crit}$ (3.62)

$\tau = T_{crit}/T$ (3.63)

Tablo 3.2.3-7 –R1270 Soğutucu Akışkanı için N_i katsayıları

N_1= 0.1862482900
N_2=-0.1292611017E+01
N_3=-0.54101600974E-01
N_4= 0.1013803407E+01
N_5=-0.2121229225E+01
N_6= 0.1526272166E+01
N_7=-0.2552199159
N_8= 0.1314787725E+01
N_9=-0.4565338888E-01
N_{10}= 0.9265982864E-01
N_{11}= 0.1020149653
N_{12}=-0.2293103240E+01
N_{13}= 0.1251447761E+01
N_{14}=-0.2810355287
N_{15}= 0.2276598490E-01
N_{16}=-0.2351596425
N_{17}= 0.2209998579
N_{18}= 0.3368050092
N_{19}=-0.2102485418E-01
N_{20}= 0.2984935290E-01
N_{21}= 0.2851534739E-01

R1270 soğutucu akışkanı için ideal gaz hal denklemi aşağıdaki bağıntı ile hesaplanmaktadır:

$$C_P / R = \sum_{i=1}^{5} C_i \, To^{(1-i)} + + C_6 \, To^2 + + C_7 \, u^2 \, e^u / (e^u - 1)^2 \quad (3.64)$$

Bu denklemde ;

$$u = C_8 To \quad (3.65)$$

$$To = Tc/T \quad (3.66)$$

Tablo 3.2.3-8 – R1270 Soğutucu Akışkanı için C_i katsayıları

C_1= 0.6559138100
C_2= 0.1621655400E+02
C_3=-0.4898063300E+01
C_4= 0.8218546800
C_5=-0.5831480800E-01
C_6= 0.2525251900E-01
C_7=-0.4703242000E+01
C_8= 0.1684494400E+01

Ana denklemden diğer termodinamik denklemlere geçiş yukarıda belirttiğimiz gibi yapılır.

3.2.4 Peng-Robinson-Stryjek -Vera (PRSV) Hal Denklemi:

Soğutucu akışkanların termodinamik özelliklerini hesaplanmasını Peng-Robinson-Stryjek-Vera (PRSV) denklemi kullanılarak nasıl yapıldığı aşağıda detaylı olarak verilmiştir. Peng-Robinson-Stryjek-Vera (PRSV) denklemi bir çok soğutucu akışkanın tanımında kullanılan ve temel olarak buhar bölgesinin özelliklerini tanımlayan bir gerçek gaz hal denklemidir. Peng -robinson-stryjek-vera (PRSV) hal denklemi R401A, R401B, R402A, R402B gibi karışım gazlarının sıcaklık,basınç,özgül hacim,entalpi,iç enerji,entropi gibi termodinamik özelliklerinin hesaplanmasında kullanılan hal denklemidir.

$$P(v,T) = \frac{RT}{v-b} - a\left(v^2 + 2bv + b^2\right) \tag{3.67}$$

şeklindedir. Bu denklemdeki

$$a = \sum_{i=1}^{3}\sum_{j=1}^{3} x_i x_j a_{ij} \tag{3.68}$$

$$b = \sum_{i=1}^{3} x_i b_i \tag{3.69}$$

olarak hesaplanmaktadır.

$$a_i = \left(0.457235 \frac{R^2 T_{ci}^2}{P_{ci}}\right)\alpha_i \tag{3.70}$$

$$a_j = \left(0.457235 \frac{R^2 T_{cj}^2}{P_{cj}}\right)\alpha_j \tag{3.71}$$

$$\alpha_i = \left[1 + \kappa_i T_{ri}^{0.5}\right]^2 \tag{3.72}$$

$$\kappa_i = \kappa_{0i} + \kappa_{1i}\left[\left(1 + T_{ri}^{0.5}\right)\left(0.7 - T_{ri}\right)\right] \tag{3.73}$$

Not: $k_i = k_{oi}$ Tr>0.7 için;

$$\kappa_{0i} = 0.378893 + 1.4897153\omega_i - 0.17131848\omega_i^2 + 0.019655\omega_i^3 \tag{3.74}$$

$$Tri = Ti / Tci \tag{3.75}$$

R,Tci,Pci,wi,k_{1i}, xi, kij değerleri a ve b değerlerinin hesaplanması için gereklidir.Burada R402A soğutucu akışkanı için R,Tci,Pci,wi,k_{1i}, xi, kij değerleri aşağıdaki Tablo 3.1.4-1'de verilmektedir.

Tablo 3.2.4-1 R402A Soğutucu Akışkanı için komponent değerleri

Bileşen	i	Tci	Pci	wi	k_{1i}	Xi
HFC-125	1	339.19	3595.0	0.3010	0.0390	0.50766
HC- 290	2	369.90	4257.0	0.1520	0.0320	0.04606
HCFC-22	3	369.16	4977.0	0.2214	0.0360	0.44628

R402A için Kij değerleri aşağıda verilmiştir:

K_{11}= 0.00000 K_{12}= 0.1478 K_{13}= 0.0158

K_{21}= 0.1478 K_{22}= 0.0000 K_{23}= 0.0839

K_{31}= 0.0158 K_{32}= 0.0839 K_{33}= 0.00000

İdeal gaz özgül ısı denklemi termodinamik modelin oluşması için gerekli diğer bir denklemdir.Peng-Robinson-Stryjek-Vera(PRSV) Hal denklemi için Cp denklemi aşağıdaki gibidir

$$C_p = \sum_{i=1}^{3} x_i C_{pi} \tag{3.76}$$

$$C_{pi} = 4.184(A_i + B_i T + C_i T^2 + D_i T^3 + E_i T^4 + F_i T^5) \tag{3.77}$$

Tablo 3.2.4-2 - R402A Soğutucu Akışkanı için Cpi denkleminde yer alan Ai,Bi,Ci,Di,Ei,Fi katsayıları:

A_1= 1.170140E+01	B_1= 0.216411E-01
A_2= -1.009000E+00	B_2= 0.731500E-01
A_3= 6.164370E+00	B_3= 0.173407E-01
C_1= 0.868526E-04	D_1=-0.112776E-06
C_2= -0.378900E-04	D_2= 0.767800E-08
C_3= 0.557618E-04	D_3=-0.140596E-06

E_1= 0.000000E+00	F_1= 0.000000E+00
E_2= 0.000000E+00	F_2= 0.000000E+00
E_3= 0.120557E-09	F_3=-0.368814E-13

Peng-Robinson-Stryjek-Vera(PRSV) Hal denklemi içinde yer alan buhar basıncı denklemi aşağıda verilmektedir.

$$\log_n P_{sat} = A + B/T + C \log_n T + D\, T^2 \qquad (3.78)$$

R402A soğutucu akışkanı için A,B,C,D katsayıları aşağıda verilmektedir:

A=5.10069E+01 B=-3.43829E+03 C=-5.84437E+00 D=1.15066E-05

Peng-Robinson-Stryjek-Vera(PRSV) hal denklemi içinde yer alan doymuş sıvı yoğunluğu denklemi aşağıda verildiği gibidir:

$$df/Dc = ao + a_1\, z + a_2\, z^2 + a_1\, z^3 + a_1\, z^4 \qquad (3.79)$$

$$z = (1 - T/Tc)^{1/3} - to \qquad (3.80)$$

R402A soğutucu akışkanı için ai katsayıları ve to değeri aşağıda verilmektedir:

a_0=2.256102 a_1=2.805985 a_2=1.878483

a_3=-1.975586 a_4=-5.888184 to= 0.5735863

3.2.5 Japon Soğutma Derneği Hal Denklemi:

Japon soğutma hal denklemi R22 ve R12 gazlarının termodinamik ve termofiziksel özelliklerinin hesaplanmasında oldukça hassas sonuç veren bir denklemdir. Aşağıda R22 soğutucu akışkanı için Japon Soğutma Derneği Hal Denklemi verilmektedir:

$$Z=P/ro*R*T=1+(A_1+A_2/Tr+A_3/Tr^4+A_4/Tr^6)*ror$$
$$+(A_5+A_6/Tr+A_7/Tr^4)*ror^2$$
$$+(A_8+A_9/Tr+A_{10}/Tr^2+A_{11}/Tr^4)*ror^3$$
$$+(A_{12}/Tr+A_{13}/Tr^4)*ror^4$$
$$+(A_{14}/Tr^2+A_{15}/Tr^3+A_{16}/Tr^4+A_{17}/Tr^6)*ror^5$$
$$+A_{18}*ror^6+(A_{19}/Tr^2+A_{20}/Tr^6)*ror^7$$
$$+(A_{21}/Tr)*ror^8+(A_{22}/Tr^2+A_{23}/Tr^6)*ror^9$$
$$+(A_{24}/Tr+A_{25}/Tr^6)*ror^{10}$$
$$+(A_{26}/Tr+A_{27}/Tr^2+A_{28}/Tr^6)*ror^{11} \quad (3.81)$$

Bu denklemde

$$Tr=T/Tc \quad (3.82)$$

$$ror=\rho/\rho c \quad (3.83)$$

olarak hesaplanmaktadır.

Tablo 3.2.5-1 - R22 soğutucu akışkanı için Ai katsayıları:

A_1	0.545762
A_2	-1.39198
A_2	-0.432562
A_4	0.02214
A_5	-0.1307418
A_6	0.79211
A_7	-0.167029
A_8	0.56743874
A_9	-1.35071
A_{10}	-0.115487

A_{11}	1.024567
A_{12}	0.34435035
A_{13}	-0.4082677
A_{14}	0.0830099
A_{15}	-0.1899033
A_{16}	0.08821727
A_{17}	0.0190595
A_{18}	-0.0376347
A_{19}	0.03329212
A_{20}	-0.03794234
A_{21}	0.7869090E-2
A_{22}	-0.4626965E-2
A_{23}	0.2336405E-1
A_{24}	-0.2066556E-2
A_{25}	-0.1050183E-1
A_{26}	0.5276995E-3
A_{27}	0.2095470E-3
A_{28}	0.1346363E-2

Tablo 3.2.5-2 - R22 soğutucu akışkanı için Bi katsayıları:

B_1	-7.0340913
B_2	1.4030736
B_3	-4.9605880
B_4	8.8828089
B_5	-10.6006380

Japon soğutma derneği hal denkleminde R22 soğutucu akışkanı için ideal gaz denklemi aşağıdaki bağıntı ile hesaplanmaktadır:

$$C_p = \sum_{i=1}^{6} C_i * T^{i-2} \qquad \text{(kJ/kg K)} \qquad (3.84)$$

Tablo 3.2.5-3 -R22 soğutucu akışkanı için Ci katsayıları:

C_1	0.0
C_2	0.337055
C_3	0.283027E-3
C_4	0.537315E-5
C_5	-0.121392E-7
C_6	0.869922E-11

Japon soğutma derneği hal denkleminde R22 soğutucu akışkanı için doymuş sıvı yoğunluğu denklemi aşağıdaki bağıntı ile hesaplanmaktadır:

$$ro'/roc = 1 + \sum_{i=1}^{6} D_i \tau^{i/3} \qquad (3.85)$$

Bu denklemde

$$\tau = 1 - T/Tc \qquad (3.86)$$

bağıntısıyla hesaplanmaktadır.

Tablo 3.2.5-4 - R22 soğutucu akışkanı için Di katsayıları:

D_1	1.8877394
D_2	0.59858531
D_3	-0.071134041
D_4	0.40327650

Japon soğutma derneği hal denkleminde R22 soğutucu akışkanı için doymuş buhar yoğunluğu denklemi aşağıdaki bağıntı ile hesaplanmaktadır:

$$\ln(\rho_v / \rho_i) = \sum_{i=1}^{10} E_i \tau^{(i-1)/3} + \sum_{i=11}^{19} E_i \tau^{-(i-10)/3} + E_{20} Ln(T/T_i) \qquad (3.87)$$

Bu denklemde yer alan

τ=1-(T/Ti) (3.88)

bağıntısıyla hesaplanmaktadır.

R22 soğutucu akışkanı için Ti=369.30 K ve ρ_l=5.9328 kg/m^3 'tür. R22 soğutucu akışkanı için Ei katsayı değerleri aşağıdaki tabloda verilmektedir:

Tablo 3.2.5-5 -R22 soğutucu akışkanı için Ei katsayıları:

E_1	-0.1125494951
E_2	0.0
E_3	0.0
E_4	0.0
E_5	0.4892280363E+3
E_6	-0.1227271507E+4
E_7	0.1629238081E+4
E_8	-0.8591945110E+3
E_9	-0.1440371655E+3
E_{10}	0.2925609255E+3
E_{11}	0.0

E_{12}	-0.2447993522E-2
E_{13}	0.0
E_{14}	0.0
E_{15}	0.1815569814E-4
E_{16}	0.0
E_{17}	-0.4028006124E-6
E_{18}	0.2289562605E-7
E_{19}	0.0
E_{20}	0.9465371017E+2

3.2.6 Su Buharı ve Amonyak için Geliştirilen Helmholtz Hal Denklemi:

Helmholtz hal denklemi su buharı, amonyak vb. soğutucu akışkanların termodinamik ve termofiziksel özelliklerinin hesaplanmasında kullanılan ve sadece türevlere dayandığı için kullanılması göreceli olarak basit olan bir hal denklemidir. Su buharı ve amonyak gibi karışım gazları için Helmholtz Hal Denklemi bazı farklılıklar gösterdiği için ayrı ayrı ele alınmıştır:

Genel olarak Helmholtz Denklemi:

$$A(\rho,T) = A_{id}(T) + A_r(\rho,t) \qquad (3.89)$$

şeklinde ifade edilmektedir.

$$A = U - TS \text{ 'dir.} \qquad (3.90)$$

Örnek olarak su buharının termodinamik özelliklerinin hesaplanmasında J.H. Keenan, F.G. Keyes , P.G. Hill and J.G. Moore tarafından geliştirilen Helmholtz denklemi kullanılmıştır. Gerçek gazlar genelde hal denklemleri denen ve P(T,v) şeklinde ifade edilebilecek kompleks denklem sistemleriyle ifade edilirler. Burada P basınç. T sıcaklık ve v özgül hacmi ifade etmektedir. Keenan, Keyes,Hill ve Moore denkleminde hal denklemi Helmholtz serbest enerjisi (A) formunda verilmiştir.

$$A(T,\rho)= A_0(T)+RT(\ln(\rho))+\rho Q(\rho,\tau) \tag{3.91}$$

$$A_{id}(T)=\sum_{i=1}^{6}\frac{C_i}{\tau^{i-1}}+C_7\ln(T)+C_8\ln T/\tau \tag{3.92}$$

$$Q(\rho,\tau)=(\tau-\tau_{crit})\sum_{j=1}^{7}(\tau-\tau_{aj})^{j-2}\left[\sum_{i=1}^{8}B_{ij}(\rho-\rho_{aj})^{i-1}+\exp(-E\rho)\sum_{i=1}^{8}B_{ij}\rho^{i-9}\right] \tag{3.93}$$

Bu denklemde

τ=1000/T (3.94)

R=4.6151 bar cm^3/gram K

B_{ij} ve C_i ve E = 4.8 denklem sabitleridir. ρ yoğunluk değeridir.

B sabitinin değerleri Tablo 2 de verilmiştir τ_{aj} ve ρ_{aj} tanımları

j=1 için $\tau_{aj}=\tau_c=1000/T_c$ $\rho_{aj}=0.634$

j>1 için $\tau_{aj}=2.5$ $\rho_{aj}=1.0$ şeklinde verilmiştir.

Tablo 3.2.6-1 : Su buharı Helmholtz serbest enerjisi hal denklemi A(T,ρ) katsayıları

B_{ij}	1	2	3	4	5	6	7
1	29.492937	-5.19858	6.83353	-0.1564	-6.397241	-3.96614	-0.6905
2	-132.1392	7.777918	-26.1498	-0.7255	26.409282	15.45306	2.74074
3	274.64632	-33.3019	65.3264	-9.2734	-47.74037	-29.1425	-5.1028
4	-360.9383	-16.2546	-26.182	4.31258	56.323130	29.56879	3.96361
5	342.18431	-177.311	0.00000	0.00000	0.000000	0.000000	0.00000
6	-244.5004	127.4874	0.00000	0.00000	0.000000	0.000000	0.00000
7	155.18535	137.4615	0.00000	0.00000	0.000000	0.000000	0.00000
8	5.972849	155.9784	0.00000	0.00000	0.000000	0.000000	0.00000
9	-410.3085	337.3118	-137.467	6.7875	136.87317	79.84797	13.0413
10	-416.0586	-209.889	-733.969	10.4018	645.81880	399.1757	71.5313

Tablo 3.2.6-2: Su buharı için Helmholtz serbest enerjisi hal denklemi katsayıları

i	C_i	i	C_i
1	1857.065	5	-20.5516
2	3229.12	6	4.85233
3	-419.465	7	46.0
4	36.6649	8	-1011.249

Bu fonksiyonun klasik P(T,v) formülüne göre avantajı termodinamik fonksiyonların sırf türevler cinsinden ifade edilmesidir. P(T,v) formundaki hal denklemleri ise integrallere de gerek duyarlar. Türevlerin hesaplanması integrallere göre daha kolaydır. Türevler cinsinden termodinamik fonksiyonlar şu şekilde tanımlanmıştır:

$$P= \rho^2(\delta\psi/\delta\rho)_\tau \qquad (3.95)$$

$$u=[\delta(\psi\tau)/\delta\tau]_\rho \qquad (3.96)$$

$$s = -(\delta\psi/\delta T)_\rho \qquad (3.97)$$

$$h = u + Pv \qquad (3.98)$$

bu fonksiyonlardaki türev işlemleri açılacak olursa

$$P =\rho RT[1+\rho Q+\rho^2(\delta Q /\delta\rho)_\tau] \qquad (3.99)$$

$$U = \rho RT\tau (\delta Q /\delta\tau) + \delta(\psi_0\tau)/\delta\tau \qquad (3.100)$$

$$s = -R[\ln\rho + \rho Q - \rho\tau(\delta Q /\delta\tau)_\rho -(\delta\psi_0/\delta T)] \qquad (3.101)$$

$$h = RT[\rho\tau(\delta Q /\delta\tau)_\rho +1 + \rho Q + \rho^2 (\delta Q /\delta\rho)_\tau] + \delta(\psi_0\tau)/\delta\tau \qquad (3.102)$$

Doymuş su buharı basınç sıcaklık ilişkisi(kaynama eğrisi) aşağıdaki bağıntıyla aynı kaynakta verilmiştir.

$$P_s = P_{crit} \exp\left[\tau 10^{-5}(T_{crit} - T)\sum_{i=1}^{8} F_i(0.65-0.01T)^{i-1}\right] \qquad (3.103)$$

Buradaki F_i katsayıları sabittir ve aşağıdaki tabloda verilmiştir.

Tablo 3.2.6-3 Su Buharı için Buhar Doyma Eğrileri Katsayıları

i	F_i	i	F_i	i	F_i	i	F_i
1	-741.924	3	-11.55286	5	0.10941	7	0.2520658
2	-29.721	4	-0.8685635	6	0.439993	8	0.05218684

Yukarıda tanımlanan temel denklemler kullanılarak su buharı için ana programımız olan refrigerant.java programı içinde hesaplanması sağlayan "steam.java" adlı ayrı bir program geliştirilmiştir.

Amonyak soğutucu akışkanı için Helmholtz Denklemi

$$A(\rho,T)=A_r(\rho,T)+A_{id}(\rho,T) \qquad (3.104)$$

$$A=U-TS \qquad (3.105)$$

bağıntısıyla ifade edilmektedir.

$$A_r(\rho,T)=RT(\ln(\rho)+\rho\, Q(\rho,T)) \qquad (3.106)$$

Bu bağıntıda yer alan ;

$$Q(\rho,T)=\sum_{i=1}^{9}\sum_{j=1}^{6} B_{ij}\rho^{i-1}(\tau-\tau_{crit})^{j-1} \qquad (3.107)$$

bağıntısıyla hesaplanmaktadır. Bu bağıntıda ;

τ=500 /T 'dir. (3.108)

Kritik nokta değeri olan τ_{crit} ise amonyak soğutucu akışkanı için 1.2333498 KJ/kgK değerini almaktadır. Bu denklemde yer alan B_{ij} katsayıları amonyak soğutucu akışkanı için Tablo 3.1.6- 4 'de verilmektedir:

Tablo 3.2.6-4 Amonyak Soğutucu Akışkanı için Aij Katsayıları

A1,1 = -6.45302230405
A1,2 = -13.7199267705
A1,3 = -8.1006203157
A1,4 = -4.880096421
A1,5 = -12.0287756268
A1,6 = 6.80634593
A2,1 = 8.08009436769
A2,2 = 14.356920006
A2,3 = -45.0529767
A2,4 = -166.18899857
A2,5 = 37.90895023
A2,6 = -40.7302083337
A3,1 = 1.0329948807
A3,2 = 55.84395581
A3,3 = 492.016650818
A3,4 = 1737.836
A3,5 = -30.8749152638
A3,6 = 71.483530416
A4,1 = -8.948264632
A4,2 = -169.77774414
A4,3 = -1236.53237167
A4,4 = -7812.16116832
A4,5 = 1.77954826914

A4,6 = -38.97461096
A5,1 = -66.92285882
A5,2 = -1.75394377532
A5,3 = 208.553371335
A5,4 = 21348.9466
A5,5 = 0.0
A5,6 = 0.0
A6,1 = 247.341746
A6,2 = 299.98391555
A6,3 = 4509.08057879
A6,4 = -37980.85
A6,5 = 0.0
A6,6 = 0.0
A7,1 = -306.55788543
A7,2 = 24.1165511
A7,3 = -9323.3568
A7,4 = 42724.0985306
A7,5 = 0.0
A7,6 = 0.0
A8,1 = 161.791003337
A8,2 = -507.478070464
A8,3 = 8139.4703974
A8,4 = -27458.71063
A8,5 = 0.0
A8,6 = 0.0

A9,1 = -27.8216888
A9,2 = 298.8129173
A9,3 = -2772.597352
A9,4 = 7668.928678
A9,5 = 0.0
A9,6 = 0.0

İdeal gaz Helmholtz Denklemi A_{id} (T) aşağıdaki bağıntıyla hesaplanmaktadır:

$$A_{id}(T) = RTC_1 \ln(T) + RT\sum_{i=2}^{11} C_i T^{i-3} - RT(1-\ln(RT)) \quad (3.109)$$

Bu bağıntıda yer alan C katsayıları Tablo 3.1.6-5'te verilmektedir:

Tablo 3.2.6-5 : Amonyak Sopğutucu Akışkanı için Ci Katsayıları

C_1=-0.38727270E+01
C_2= 0.64463724
C_3= 0.32238759E+01
C_4=-0.21376925E-02
C_5= 0.86890833E-05
C_6=-0.24085149E-07
C_7= 0.36893175E-10
C_8=-0.35034664E-13
C_9= 0.20563027E-16
C_{10}=-0.68534200E-20
C_{11}= 0.99392427E-24

Amonyak soğutucu akışkanı için basınç(P), iç enerji(U), entalpi(H) ve entropi(S) değerleri aşağıdaki bağıntılarla hesaplanmaktadır:

$$P = \rho RT\left[1 + \rho Q(\rho,T) + \rho^2 \frac{\partial Q(\rho,T)}{\partial \rho}\right] \tag{3.110}$$

$$S = S_{id}(T) - R\left[\ln(\rho) + \rho Q(\rho,T) + \rho\tau \frac{\partial Q(\rho,T)}{\partial \tau}\right] \tag{3.111}$$

$$U = U_{id}(T) + RT\rho\tau\left[\frac{\partial Q(\rho,T)}{\partial \tau}\right] \tag{3.112}$$

$$H = U + \frac{P}{\rho} \tag{3.113}$$

Yukarıdaki denklemlerde yer alan Q(ρ,T)'nin ρ'ya göre türevi $\frac{\partial Q(\rho,T)}{\partial \rho}$ ve τ'ya göre türevi $\frac{\partial Q(\rho,T)}{\partial \tau}$ aşağıdaki bağıntılarla hesaplanmaktadır:

$$\frac{\partial Q(\rho,T)}{\partial \tau} = \sum_{i=1}^{9}\sum_{j=1}^{6} B_{ij}(j-1)\rho^{i-1}(\tau - \tau_{crit})^{j-2} \tag{3.114}$$

$$\frac{\partial Q(\rho,T)}{\partial \rho} = \sum_{i=1}^{9}\sum_{j=1}^{6} B_{ij}(i-1)\rho^{i-2}(\tau - \tau_{crit})^{j-1} \tag{3.115}$$

Bu denklemlerde ve yukarıdaki denklemlerde yer alan

$$\tau = 500 / T \tag{3.116}$$

Ayrıca kritik nokta değeri olan τ_{crit} ise amonyak soğutucu akışkanı için 1.2333498 değerini almaktadır.

İç enerji(U),entalpi(H) ve entropi (S) değerlerinin hesaplanmasında kullanılan $S^0(T)$ ve $U^0(T)$ değerleri aşağıda verilen bağıntılar yardımıyla hesaplanmaktadır:

$S^0(T) = -dA^0/dT$ (3.117)

$S^0(T) = -R\,C_1\,(\ln(T)+1) - R\sum_{i=2}^{11}(i-2)C_i\,T^{\,i-3} - R(\ln(RT))$ (3.118)

$U^0(T) = A^0(T) + T\,S^0(T)$ (3.119)

3.2.7 R. D. Goodwin Tarafından Geliştirilen Hal Denklemi

Özellikle Etan (R170),Propan(R290),Normal Bütan (R600) ve Izobütan (R600a) soğutucu akışkanlarının termodinamik özelliklerini hesaplamak için R.D. Goodwin tarafından National Bureau standartlarına göre geliştirilen hal denklemi ile hesaplanmıştır. Bu hal denklemi:

$$P = P_s + \frac{\rho}{\rho_{crit}} R(T - T_s) + \left(\frac{\rho}{\rho_{crit}}\right)^2 R^* T_{crit} F(\rho, T) \quad (3.120)$$

$$F(\rho, T) = B(\rho)\Phi(\rho, T) + C(\rho)\gamma(\rho, T) \quad (3.121)$$

bağıntısıyla hesaplanmaktadır.

F(ρ,T) denkleminde yer alan B(ρ) ,Φ(ρ,T),C(ρ) ve γ(ρ,T) değerleri Propan (R290) soğutucu akışkanı için aşağıda verilmektedir:

$$\Phi(\rho, T) = x^{1/2} \ln\left(\frac{T}{T_s}\right) \quad (3.122)$$

Bu denklemde

$$x = \frac{T}{Tcrit} \quad (3.123)$$

$\gamma(\rho,T) = \alpha/x + (1-\alpha)(1 - w - w\ln(w))$ (3.124)

Bu denklemde $0 <= \alpha <= 1$ ve

$$w(ro,T) = 1 - \frac{Q(ro)}{T} \quad (3.125)$$

$0Q(\rho) = Ts\,\exp(-\,f(\rho))$ (3.126)

$$f(\rho)=\frac{(\rho-1)^3}{(\rho_t-1)^3} \quad (3.127)$$

R290 için ρ_τ =16.620 mol/lt'dir.

$$B(\rho)= B_1+B_2\,\rho+ B_3\,\rho^2 + B_4\,\rho^3 \quad (3.128)$$

$$C(\rho)=C_1(\rho-1)\,(\rho-C_0)\exp(-0.06\,\rho^4) \quad (3.129)$$

R290 için B_i ve C_i katsayıları aşağıda verilmektedir:

B_1= 0.22566372605

B_2= 1.04646227554

B_3=-0.44491000068

B_4= 0.12708270211

C_0= 2.0

C_1=-0.59883339489

Propan (R290) soğutucu akışkanı için ideal gaz hal denklemi aşağıdaki bağıntı ile hesaplanmaktadır:

$$\frac{H}{RT}=4+\exp(-3/x)\sum_{i=0}^{5}\frac{Ai}{u_i} \quad (3.130)$$

Bu denklemde yer alan

$$x=\frac{T}{100} \quad (3.131)$$

$$u=x^{1/3} \quad (3.132)$$

H=Entalpi değerini ifade etmektedir.

$$C_p=\frac{dH}{dT} \quad (3.133)$$

ifadesi R290 soğutucu akışkanının ideal gaz hal denklemini hesaplamaktadır.Bu denklemde yer alan A_i katsayıları R290 soğutucu akışkanı için aşağıda verilmektedir:

A_0= 24.11012

A_1= 94.40550

A_2=-585.32814

A_3= 980.124065

A_4=-678.64094

A_5= 170.42778

Ayrıca,R290 soğutucu akışkanı için R=8.31434 J/ (mol-K) 'dir.

4. Soğutucu Akışkanların Termodinamik Özeliklerinin Hesaplanması

4.1 Soğutucu Akışkanların Termodinamik Özelliklerinin Doyma Bölgesi için Hesaplanması

Çeşitli soğutucu akışkan için doyma bölgesi termodinamik özelliklerini veren denklemler bulabiliriz. Modellerimizde orijinal doyma değeri verileri kullanılarak oluşturduğumuz eğri uydurma denklemleri kullanılmıştır. Doyma basıncı, özgül hacim, yoğunluk, entalpi, iç enerji,entropi, ısıl iletim katsayısı, vizkozite gibi termofiziksel doyma eğrilerinin verilen sıcaklığın fonksiyonu olarak elde edilmesi için lineer veya lineer olmayan en küçük kareler metoduyla bir eğri uydurmaya çalıştığımızda bunun oldukça zor bir proses olduğunu gözlemleriz. Bu zorluğun en önemli sebebi kritik nokta civarında değerlerin çok hızlı değişmesidir. Eğri seçiminde genellikle bu özellik göz önünde bulundurulur, ancak bu durumda eğrimiz lineer olmayan bir durum alır ve yine de kritik nokta civarında elde ettiğimiz sonuçlar mükemmel sayılamayacak kadar hatalı olabilir. Eğri uydurmada en küçük kareler metodunun kullanılmasının bir sebebi de verilerimizde bulunabilecek hataları ortalamasıdır, aynı zamanda göreceli olarak basit bir denklem elde edebiliriz. Ancak en küçük kareler metodunda oluşan hataların miktarı çok büyük olabilir. Modellemelerde temel metod olarak kübik şerit eğri uydurma metodu kullanılmıştır. Bu metoddaki soğutma endüstrisinde kullanılan soğutucu akışkanların başlıca termofiziksel özelliklerinin eğri uydurmasını Amerikan ısıtma, soğutma ve havalandırma derneği (ASHRAE) 2005 temeller el kitabında verilen temel verileri kullanarak oluşturulmuştur.

4.1.1 Doyma Değerleri Hesaplamasında Kullanılan Kubik Şerit İnterpolasyon Denklemleri

Doyma bölgesinin modellenmesinde tablo verilerinin direk olarak kübik şerit interpolasyonu ile eğri uydurulması kullanılmıştır. Kübik şerit eğri uydurmanın temeli tüm noktalardan geçen polinomlarla noktaları bağlamaktır. Örneğin üçüncü dereceden bir polinom düşünülebilir.

$$r_k(x)=a_k(x-x_k)^3+b_k(x-x_k)^2+c_k(x-x_k)+y_k \quad 1\leq k\leq n \qquad (4.1)$$

Kübik şerit veri uydurma prosesinde polinomların veri noktalarından geçmesi gerekir.

$$r_k(x_{k+1})=y_{k+1} \quad 1\leq k\leq n \qquad (4.2)$$

aynı zamanda birinci türevlerin de sürekli olması gerekir.

$$r'_{k-1}(x_k)=r'_k(x_k) \quad 1\leq k\leq n \qquad (4.3)$$

üçüncü dereceden polinom için ikinci türevleri de eşitlenebilir.

$$r''_{k-1}(x_k)=r''_k(x_k) \quad 1\leq k\leq n \qquad (4.4)$$

tüm sistemi çözmek için iki şart daha gerekir. Bu şartlar

$$r''_1(x_1)=0 \qquad (4.5)$$

$$r''_{n-1}(x_n)=0 \qquad (4.6)$$

olarak alınırsa buna doğal kübik şerit interpolayonu adı verilir. Başka sınır şartları belirlememiz de mümkündür.

$$h_k=x_{k+1}-x_k \quad 1\le k \le n \tag{4.7}$$

Tum bu şartlar bir denklem sistemi olarak bir araya toplanırsa :

$$a_k h_k^3+ b_k h_k^2+c_k h_k = y_{k+1}-y_k, , \quad 1\le k \le n \tag{4.8}$$

$$3a_{k-1}h_{k-1}^2+ 2b_{k-1}h_{k-1}+c_{k-1}-c_k = 0 \quad , \quad 1\le k \le n \tag{4.9}$$

$$6a_{k-1}h_{k-1}+ 2b_{k-1}+2b_k = 0 \quad , \quad 1\le k \le n \tag{4.10}$$

$$2b_0 = 0 \tag{4.11}$$

$$6a_{n-1}h_{n-1}+ 2b_{n-1} = 0 \tag{4.12}$$

seti oluşur bu set 3n-3 denklem içerir. Bu sayıda denklemi bir arada çözme işlemi matris çözümlemesine oldukça ağır bir yük getirebilir artı hata olasılıklarını arttırır. Toplam çözülmesi gereken denklem sayısını azaltmanın bir yolu değiştirilmiş özel bir üçüncü dereceden polınom kullanmaktır. Eğer kübık polinomumuz

$$s_k(x)=a_k(x-x_k)+ b_k(x_{k+1}-x)+ [(x-x_k)^3 c_{k+1} +(x_{k+1}-x)^3 c_k]/(6h_k) \quad 1\le k \le n \tag{4.13}$$

şeklinde verilmiş ise

$$s'_k(x)=a_k- b_k+ [(x-x_k)^2 c_{k+1} - (x_{k+1}-x)^2 c_k]/(2h_k) \quad 1\le k \le n \tag{4.14}$$

$$s''_k(x)=[(x-x_k) c_{k+1} + (x_{k+1}-x) c_k]/h_k \quad 1\le k \le n \tag{4.15}$$

olur burada a_k ve b_k c_k nın fonksiyonu olarak yazılabilir.

$$b_k=[6y_k-h_k c_k]/(6h_k), \quad 1\le k \le n \tag{4.16}$$

$$a_k=[6y_{k+1}-h_k^2 c_{k+1}]/(6h_k), \quad 1\le k \le n \tag{4.17}$$

Bu durumda çözülmesi gereken denklem sistemi sadece c_k terimlerine dönüşür.

$$h_{k-1}c_{k-1} + 2(h_{k-1} - h_k)c_k + h_k c_{k+1} = 6\left[\frac{y_{k+1}-y_k}{h_k} - \frac{y_k - y_{k-1}}{h_{k-1}}\right], \quad 1 \le k \le n \tag{4.18}$$

bu sistemde toplam n-2 denklem mevcuttur.

$$w_k = \frac{y_{k+1}-y_k}{h_k}, \quad 1 \le k \le n \tag{4.19}$$

tanımını yaparsak çözülecek denklem sistemini

$$\begin{bmatrix} 1 & 0 & 0 & \dots & 0 & 0 & 0 \\ h_1 & 2(h_1+h_2) & h_2 & \dots & 0 & 0 & 0 \\ 0 & h_2 & 2(h_2+h_3) & \dots & 0 & 0 & 0 \\ \dots & \dots & \dots & \dots & \dots & \dots & \dots \\ 0 & 0 & 0 & \dots & 2(h_{n-3}+h_{n-2}) & h_{n-2} & 0 \\ 0 & 0 & 0 & \dots & h_{n-2} & 2(h_{n-2}+h_{n-1}) & h_{n-1} \\ 0 & 0 & 0 & \dots & 0 & 0 & 1 \end{bmatrix} \begin{bmatrix} c_0 \\ c_1 \\ c_2 \\ \dots \\ c_{n-2} \\ c_{n-1} \\ c_n \end{bmatrix} = \begin{bmatrix} A \\ 6(w_2 - w_1) \\ 6(w_3 - w_2) \\ \dots \\ 6(w_{n-2} - w_{n-3}) \\ 6(w_{n-1} - w_{n-2}) \\ B \end{bmatrix} \tag{4.20}$$

şeklini alır. Burada A ve B kullanıcı tarafından verilmesi gereken ikinci türev sınır şartlarıdır. Doğal kübik şerit interpolasyonu uygularsak değerleri 0 olur. Kübik şerit interpolasyon eğri uydurma metodu doyma bölgesi temodinamik ve temofiziksel verileriyle birleştirilerek bir bilgisayar modeli oluşturulmuştur. Bu model ref_CS3.java programı adı altında geliştirilmiştir.

4.1.2 Denklemlerin T,V (veya ρ) Dışındaki Termodinamik Çiftler için Çözülmesi (Kök Bulma Yöntemleri)

Termodinamik hal denklemlerini denklemleri bilgisayar programlarına adapte ederken bilinmeyen setinin sadece T ve v nin fonksiyonu olmıyacağı da göz önünde bulundurulmalıdır. Örneğin h(T,p) gibi bir bilinmiyenin hesaplanması istenebilir. Bu tür işlemlerle karşılaştığımızda doğrusal olmayan denklemler, sayısal kök bulma işlemleri karşımıza çıkar.

f(T,p,v)=P(T,v)-p=0 denkleminin çözümünü veren v değerini (denklemin kökünü) bularak P(T,v) hal denklemine geçiş yapılabilir.

Kök bulma işlemleri Taylor formülünden elde edilen yöntemler ve arama yöntemleri veya bunların kombinasyonlarından oluşur. Termodinamik hal denklemi modellemesinin kritik bir alt prosesi olduğundan bu bölümde kök bulma yöntemlerinin bazıları tanıtılacaktır. Başlamadan önce tam garantili sayısal kök bulma işlemi olmadığını bu yüzden bu yöntemlerin birden fazlasını bir arada kullanmakta gerekebilir.

4.1.2.1 İkiye Bölme Yöntemi (Bisection Metodu)

İkiye bölme yönteminde f(x) fonksiyonunun a <= x <= b bölgesinde kökü aranır. Eğer bu bölgede bir kök mevcutsa

$$f(a)*f(b) < 0 \tag{4.21}$$

olacaktır. Bu şart gerçekleşmiyor ise bu bölgede bir kök olmadığı varsayılabilir. Eğer bu bölgede bir kök mevcut ise bölgeyi iki eşit parçaya böler. a-b bölgesinin orta noktası p=(a+b)/2 ise fonksiyonu p noktasında değerlendirilir. Eğer

f(a)*f(p) < 0 ise kökün a-p aralığında olduğu söylenebilir. Eğer f(a)*f(p) > 0 ise kök p-b bölgesindedir. Tesadüfen f(a)*f(p)=0 oluşabilir, bu kök değerinin p' ye tam olarak eşit olduğu anlamına gelir ama bu çok küçük bir olasılıktır. Bulunan yeni kök bölgesi bir sonraki iterasyon için kullanılır. İteratif prosesi durdurmak için

$$\left|\frac{(b-a)}{(b+a)}\right| < \varepsilon \tag{4.22}$$

gibi bir durdurma kriterinden yararlanılabilir.

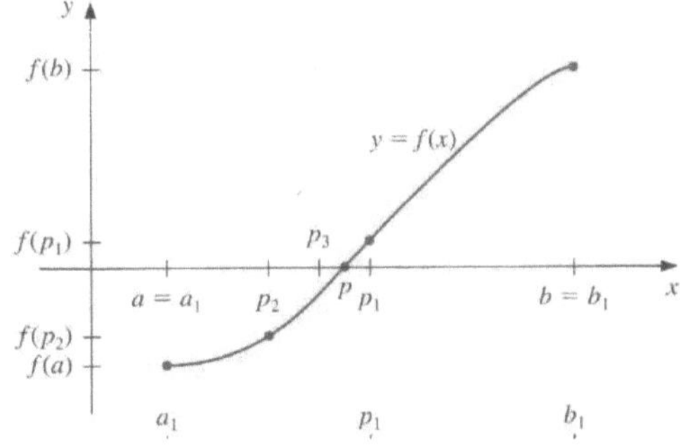

Şekil 4.1 ikiye bölme yönteminin uygulanmasının grafik gösterimi

4.1.2.2 Yer Değiştirme Yöntemi (False Position Metodu)

İkiye bölme yönteminde yaklaşma göreceli olarak yavaş ilerler. Yaklaşma hızını arttırmanın bir yolu a ve b noktalarını bir doğru ile birleştirmek ve doğrunun x eksenini kesim noktasını bir sonraki kök olarak kullanmaktır. p noktası

$$p = b - f(b)\frac{(a-b)}{f(a)-f(b)} \qquad (4.23)$$

formülüyle bulunabilir. Kök testi için ikiye bölme yönteminde kullanılan metodun aynısı tercih edilir.

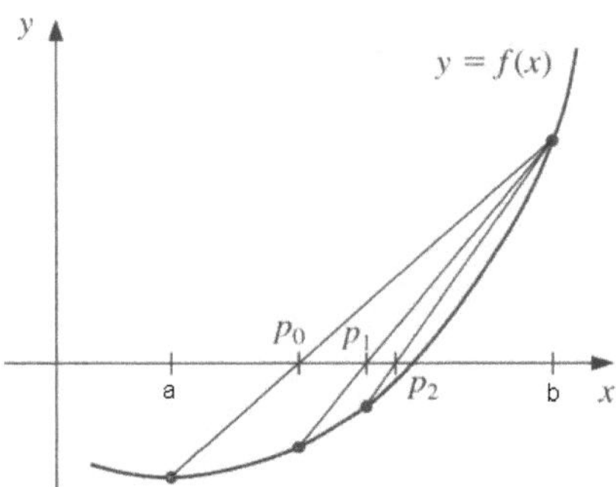

Şekil 4.2 yer değiştirme yönteminin uygulanmasının grafiği

4.1.2.3 Müller yöntemi

Yer değiştirme yönteminde iki noktadan bir doğru geçmesi prensibinden yararlanarak yeni kök değeri tahmini geliştirmiştik. Aynı kavramı ikinci dereceden polinom kullanarakta yapabiliriz, ancak ikinci dereceden polinom tanımlamak için üç noktaya ihtiyacımız olacaktır.

x_0, x_1, x_2 noktalarının giriş değerleri olarak verildiğinde (x_3 değeri x_0 ve x_1 değeri arasında olsun). Fonksiyonumuz f(x) olsun. Bu üç noktanın y değerleri olarak $f(x_0)$, $f(x_1)$

ve $f(x_2)$ değerleri alındığında bu üç noktadan ikinci derece bir polinom geçirir ise bu polinomun kökü

$$f(x_0)-f(x_2)=a(x_0-x_2)^2+b(x_0-x_2) \tag{4.24}$$

$$f(x_1)-f(x_2)=a(x_1-x_2)^2+b(x_1-x_2) \tag{4.25}$$

$$h_0= x_1 - x_0 \tag{4.26}$$

$$h_1= x_2 - x_1 \tag{4.27}$$

$$d_0 = \frac{f(x_1)-f(x_0)}{h_0} \tag{4.28}$$

$$d_1 = \frac{f(x_2)-f(x_1)}{h_1} \tag{4.29}$$

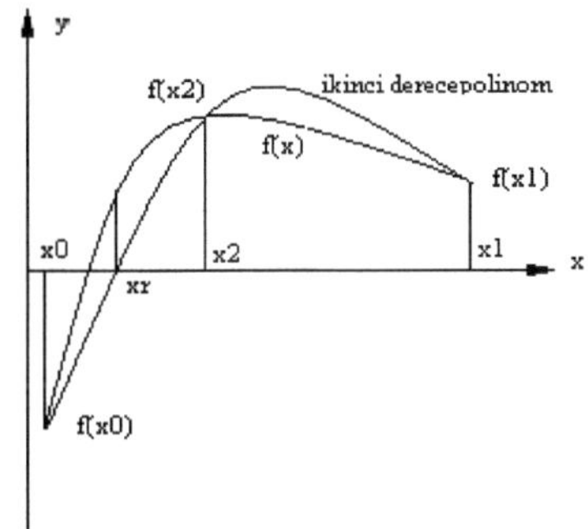

Şekil 4.3 Müller yönteminin grafik olarak gösterilmesi

bu ifadeler ana denklemlerde yerine konulursa

$$(h_0+h_1)b - (h_0+h_1)^2a = h_0d_0 + h_1d_1 \tag{4.30}$$

$$h_1\, b - h_1^2\, a = h_1d_1 \tag{4.31}$$

elde edilir buradan da a ve b çözülebilir.

$$a = \frac{d_1 - d_0}{h_1 + h_0} \qquad (4.32)$$

$$b = a^*h_1 + d_1 \qquad (4.33)$$

$$c = f(x_2) \qquad (4.34)$$

kökü bulmak için :

$$\Delta = \sqrt{b^2 - 4ac} \qquad (4.35)$$

eğer

$$|b + \Delta| > |b - \Delta| \; e = b + \Delta \qquad (4.36)$$

$$|b + \Delta| \; |b - \Delta| \; e = b - \Delta \qquad (4.37)$$

$$x_r = x_2 - \frac{2c}{e} \qquad (4.38)$$

x_2 değerinin yerine x_r değerini koyarak yeni iterasyonumuza başlayabiliriz. Bu yöntem sanal köklerin bulunması için de kullanılabilir.

4.1.2.4 Newton-Raphson Yöntemi

Taylor formülü

$$f(x_{n+1}) = f(x_n) + f'(x_n)(x_{n+1} - x_n) + f''(x_n)(x_{n+1} - x_n)^2/2! + f^{(3)}(x_n)(x_{n+1} - x_n)^3/3!$$

$$+ f^{(4)}(x_n)(x_{n+1} - x_n)^4/4! + f^{(5)}(x_n)(x_{n+1} - x_n)^5/5! + \ldots \qquad (4.39)$$

şeklindedir. $f(x_{n+1})=0$ olmasını istediğimizden bu değeri denkleme koyar ve birinci dereceden yüksek terimlerin 0 a gittiğini kabul edersek

$0 = f(x_n) + f'(x_n)(x_{n+1} - x_n)$ olur bu denklemden x_{n+1} çekilirse (4.40)

$$x_{n+1} = x_n - f(x_n) / f'(x_n) \qquad (4.41)$$

denklemi elde edilir. Bu denkleme Newton-Raphson kök bulma denklemi ismi verilir. x_0 ilk tahmininden (tek değer) başlayarak kök değerine iteratif olarak ulaşabiliriz. Newton formülü ilk tahmin gerçek köke göreceli olarak yakınsadığında çok hızlı yaklaşım verir, ancak ilk tahmin kökten uzak ise köke ulaşması uzun sürebilir veya hiç ulaşamayabilir. Newton raphson denkleminin tek zorluğu türevleri bilme zorunluluğudur.

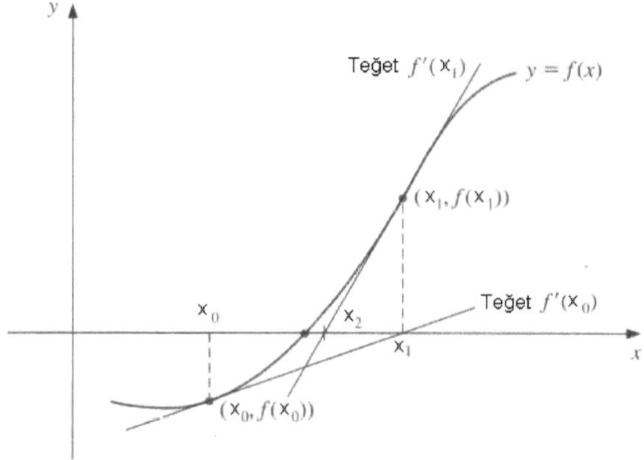

Şekil 4.4 Newton-Raphson yönteminin yakınsaması

4.1.2.5 Kiriş Yöntemi (Secant Metodu)

Newton yönteminin bir problemi türev fonksiyonu kulanma gereğidir. Bu türev fonksiyonunu fark denklemiyle değiştirirsek (türevdeki teğet yerine teğete yakın bir kiriş kullanırsak) kiriş yöntemi oluşur.

Eğer fark denklemi olarak $f'(x_n) \cong \dfrac{f(x_n) - f(x_{n-1})}{(x_n - x_{n-1})}$ formülü kullanılırsa (4.42)

$$x_{n+1} = x_n - \frac{f(x_n)(x_n - x_{n-1})}{f(x_n) - f(x_{n-1})} \quad (4.43)$$

Bu yöntemde iterasyona başlamak için iki noktanın verilmiş olması gerekmektedir. İlk tahmin olarak $f(x_0)$ ve $f(x_{-1})$ olmak üzere iki başlangıç değerinin verilmesi gerekir.

Bunun yerine tek bir başlangıç noktası için de decant yöntemi denklemini oluşturabiliriz. Çok küçük bir Δx aralığı üzerinden fark denklemi

$$f'(x_n) \cong \frac{f(x_n + \Delta x) - f(x_n - \Delta x)}{2\Delta x} \quad (4.44)$$

şeklinde tanımlanacak olursa (merkezi fark denklemini kullanacak olursak), kiriş denklemi

$$x_{n+1} = x_n - \frac{2f(x_n)\Delta x}{f(x_n + \Delta x) - f(x_n - \Delta x)} \quad (4.45)$$

şeklini alır. Hatanın az olması için Δx değerinin göreceli olarak küçük olması gereklidir. Hata $(\Delta x)^2$ ile orantılı olacaktır.

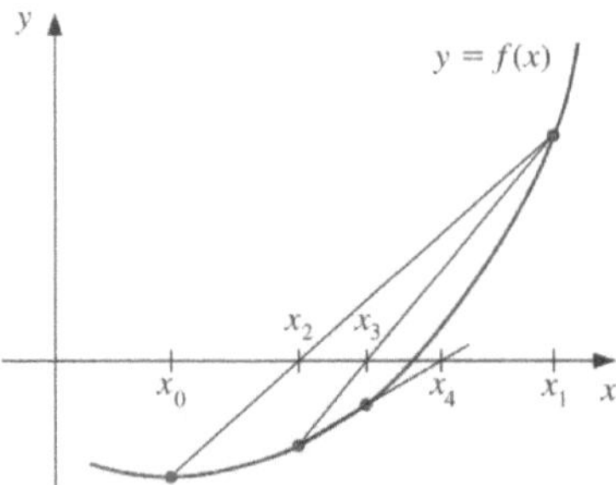

Şekil 4.5 Kiriş yöntemi yakınsamasının grafiksel gösterimi

Türev denklemi yerine fark denklemi kullanmayı bir adım daha ileri götürülebilir. Gerçek türeve yaklaşımı çok daha fazla olacak bir fark denklemi kullanılabilir. Örneğin fark denklemi olarak

$$f'(x_n) \cong \frac{-f(x_n+2\Delta x)+8f(x_n+\Delta x)-8f(x_n-\Delta x)+f(x_n-2\Delta x)}{12\Delta x} \quad (4.46)$$

formülünü kullanarak hata miktarını $(\Delta x)^2$ den $(\Delta x)^4$ seviyesine düşürülebilir.

4.1.2.6 Aitken Extrapolasyon Düzeltmeli Newton-Raphson Yöntemi

Aitken extrapolasyonu Newton raphson hesaplamasındaki hataları azaltarak kök bulma olasılığını artıran bir hata azaltma yöntemidir. Temel olarak k çok büyük bir değer olduğunda

$$\frac{x_{k+2}-a}{x_{k+1}-a} \approx \frac{x_{k+1}-a}{x_k-a} \qquad k >> 1 \quad (4.47)$$

bu bağıntıdan dördüncü bir noktanın değerini bulmak istersek

$$x_e = \frac{x_k x_{k+2} - x_{k+1}^2}{x_k - 2x_{k+1} + x_{k+2}} \quad (4.48)$$

3 önceki nokta bilindiğinde 4üncü noktayı tahmin edilebilir.

$$\Delta x_k = x_{k+1} - x_k \quad (4.49)$$

$$\Delta x_k = x_{k+2} - 2x_{k+1} + x_k \quad (4.50)$$

$$x_e = x_k - \frac{(\Delta x_k)^2}{\Delta^2 x_k} \quad (4.51)$$

4.51 nolu formül Newton metodundan elde edilen ilk yaklaşımları iyileştirmek için kullanılabilir.

4.1.2.7 İkinci Türevli Newton Raphson Yöntemi

Newton iterasyon formülüne Taylor serisinin ikinci teriminin çözümünü de ilave edebiliriz. İkinci türevler genelde birinci türev ve fonksiyondan sayısal olarak hesaplanabilir. İkinci türevi Newton-Raphson interpolasyon formülü :

$$x_{n+1} = x_n - \frac{f(x_n) * f'(x_n)}{f'(x_n) * f'(x_n) - f(x_n) * f''(x_n)} \tag{4.52}$$

şeklindedir. Bu formül katlı kökler dediğimiz aynı noktada birden fazla kök olması durumunda da bize iyi bir dönüşüm hızı sağlayacaktır.

4.1.2.8 İkinci Derece Ters Lagrange İnterpolasyon Yöntemi.

İkinci dereceden Lagrange interpolasyonu x=f(y) şeklinde (ters interpolasyon olarak) yazılırsa

$$x = \frac{[y-f(x_1)][y-f(x_2)]x_3}{[f(x_3)-f(x_1)][f(x_3)-f(x_2)]} + \frac{[y-f(x_2)][y-f(x_3)]x_1}{[f(x_1)-f(x_2)][f(x_1)-f(x_3)]} + \frac{[y-f(x_3)][y-f(x_1)]x_2}{[f(x_2)-f(x_3)][f(x_2)-f(x_1)]} \tag{4.53}$$

bu intrepolasyon denkleminde y=0 alındığında x değeri bize y=f(x)=0 denkleminin köklerini verecektir.

$$x = \frac{f(x_1)f(x_2)x_3}{[f(x_3)-f(x_1)][f(x_3)-f(x_2)]} + \frac{f(x_2)f(x_3)x_1}{[f(x_1)-f(x_2)][f(x_1)-f(x_3)]} + \frac{f(x_3)f(x_1)x_2}{[f(x_2)-f(x_3)][f(x_2)-f(x_1)]} \tag{4.54}$$

$$x = \frac{[f(x_1)-f(x_2)]f(x_1)f(x_2)x_3 + [f(x_3)-f(x_2)]f(x_2)f(x_3)x + [f(x_3)-f(x_1)]f(x_3)f(x_1)x_2}{[f(x_3)-f(x_1)][f(x_3)-f(x_2)][f(x_1)-f(x_3)]} \tag{4.55}$$

Denklemimiz hesap kolaylığı açısından

$$R = \frac{f(x_2)}{f(x_3)} \tag{4.56}$$

$$S = \frac{f(x_2)}{f(x_1)} \tag{4.57}$$

$$T = \frac{f(x_1)}{f(x_3)} \tag{4.58}$$

$$P = S[T(R-T)(x_3 - x_2) - (1-R)(x_2 - x_1)] \tag{4.59}$$

$$Q = (T - 1)(R - 1)(S - 1) \tag{4.60}$$

Formunda da yazılabilir. Kök değeri

$$x = x_2 + \frac{P}{Q} \tag{4.61}$$

olacaktır. Yeni kök bulunduktan sonra bulunan köke komşu olan bölgeler bırakılır ve bu bölgenin dışında olan bölge elimine edilir.

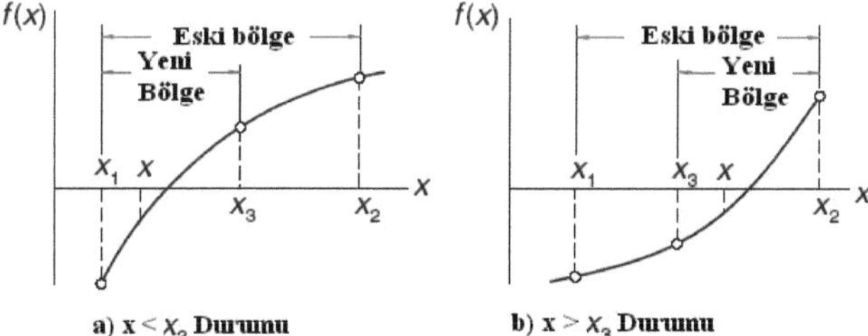

Şekil 4.6 İkinci derece ters lagrange interpolasyon yönteminde bölge seçimi

4.1.2.9 Brent Kök Bulma Yöntemi

Newton-Raphson metodu ile ikiye bölme metodunun integrasyonunun çok daha verimli ve emniyetli bir metod oluşturduğundan yukarıda bahsedilmiştir. Aynı şekilde ikinci dereceden ters Lagrange interpolasyon kök bulma yöntemi de ikiye bölme yöntemi ile integre edilerek oldukça yararlı bir yöntem oluşturulabilir. Bu yöntem Brent yöntemi adını alır. Bu yöntemde ikinci dereceden ters Lagrange interpolasyon kök bulma yönteminden farklı olarak sadece iki sınır değeri tanımlanır. Birinci step olarak ikiye böme formülü uygulanır ve ikinci dereceden interpolasyonun üçüncü noktası olarak bu noktadan yararlanılır. İkinci dereceden ters Lagrange interpolasyon kök formülü kullanılarak yeni bir çözüm noktası saptanır ve bu çözüm bölgesine göre bölge küçültülür. Eğer çözüm seçilen değer $x_1 - x_2$ bölgesine düşmüyorsa yeni bir ikiye bölme stebi uygulanır. Denklemin bölündüğü değerinin çok küçük olduğu sıfıra yaklaştığı değerlerde metod yine yanlış değer verebilir. Bu durumda yine ikiye bölme yöntemine dönülür.

4.1.2.10 Ridder metodu

Daha önce yer değiştirme (False position – Regula-falsi) metodu incelenmiştir. Ridder metodu bu metodun değiştirilmiş bir versiyonu olarak kabul edilebilir. x_1 ve x_2 noktaları arasında bir kök mevcut ise Ridder metodu önce orta noktada fonksiyonu değerlendirir.

$$x_3=(x_1+x_2)/2 \tag{4.62}$$

daha sonra fonksiyonu lineer fonksiyona dönüştüren özel bir faktörü e^Q faktörünü çözer. Daha açık yazacak olursak

$f(x_1)-2f(x_3)\,e^Q + f(x_2)\,e^{2Q} = 0$ fonksiyonundan e^Q faktörünü çözer. (4.63)

İkinci dereceden bir fonksiyon olan bu fonksiyonun kökleri

$$e^Q = \frac{f(x_3) + sign[f(x_2)]\sqrt{f(x_3)^2 - f(x_1)f(x_2)}}{f(x_2)} \tag{4.64}$$

şeklinde hesaplanır. Buradaki sign(x) fonksiyonu x in işaretini verecektir. Eğer x sıfırdan büyükse +1, eğer sıfırdan küçükse -1 değerini verecektir. Şimdi yer değiştirme metodu $f(x_1)$, $f(x_3)$ ve $f(x_2)$ fonksiyonlarını kullanarak değil $f(x_1)$, $f(x_3)\,e^Q$ ve $f(x_2)\,e^{2Q}$ fonksiyonlarına uygulanarak x_4 kök değeri bulunur.

$$x_4 = x_3 + (x_3 - x_1)\frac{sign[f(x_1) - f(x_2)]f(x_3)}{\sqrt{f(x_3)^2 - f(x_1)f(x_2)}} \tag{4.65}$$

Denklem ikinci dereceden olduğundan ikinci derece yaklaşım sağlar. Aynı zamanda bulunan kök her zaman x_1 ve x_2 arasında yer alacaktır.

Bu metodları kullanırken birden fazla metod bir arada kullanılabilir.

Kök bulma yöntemlerinde ilk tahmin değerine gereksinme vardır. Gaz bölgesi için ilk tahmin değerlerini ideal gaz denklemi, kübik denklemler yardımıyla hesaplanabilir. Veya doyma değerlerinden başlanarak kök bulmaya çalışabiliriz.

4.1.3 Ref_CS3.java Programı Kullanılarak Soğutucu Akışkanların Termodinamik ve Termo-Fiziksel Doyma Değerlerinin Hesaplanması

Bu program public ref_CS3(String soğutucu_akışkan_ismi) kurucu metoduyla çağrılabilir. Buradaki değişken ismi, kullanılacak değişkenin ismi olması gerekir.

Geçerli soğutucu akışkan isimleri programda çağırılacağı şekliyle şunlardır:

"R732","R740","R142b","R402A","R1150","R1270","R702","R704","R728","R507A", "R744","R50","R170","R290","R600","R600a","R124","R410A","R125","R143a", "R152a","R404A","R718","R12","R22","R402B","R401A","R401B","R134a","R123"," R23","R407C","R717","R508B", "R720"

Açık olarak soğutucu akışkanların ismi yazıldığında;

Kloro-Floro Karbon Soğutucu akışkanlar

Metan serisi

R-12 (diklorodiflorometan)

R-22 (klorodiflorometan)

R-23 (triflorometan)

Etan Serisi

R-123 (2,2-dikloro-1,1,1-trifloroetan)

R-124 (2-kloro-1,1,1,2-tetrafloroetan)

R-125 (pentafloroetan)

R-134a (1,1,1,2-tetrafloroetan)

R-143a (1,1,1-trifloroetan)

R-152a (1,1-difloroetan)

Zeotropic karışımlar (% kütle oranı)

R-404A [R-125/143a/134a (44/52/4)]

R-407C [R-32/125/134a (23/25/52)]

R-410A [R-32/125 (50/50)]

R-508B

R-402A [R125/R290/R22]

R-402B [R125/R290/R22]

R-401A [R22,R152a,R124]

R-401B [R22,R152a,R124]

Azeotropik karışımlar

R-507A [R-125/143a (50/50)]

İnorganic Soğutucu Akışkanlar

R-717 (amonyak)

R-718 (su/buhar)

R-744 (karbondioksit)

Hidrokarbon gurubu

R-50 (metan)

R-170 (etan)

R-290 (propan)

R-600 (n-butan)

R-600a (izobutan)

R-1150 (etilen)

R-1270 (propilen)

Kryojenic (çok düşük sıcaklık) Soğutucu Akışkanlar

R-702 (normal hydrogen)

R-704 (helium)

R-728 (nitrogen)

R-732 (oxygen)

R-740 (argon)

R-720 (neon)

Bu akışkanlarla ilgili veriler Amerikan Isıtma havalandırma ve Soğutma Derneği(ASHRAE) verilerinden alınmıştır.

Sınıf tanımlandıktan sonra çeşitli termofiziksel özellikler direk olarak çağrılarak kullanılabilir.

Kurucu metodun program içinde çağırılması

"ref_CS3 a=new ref_CS3("R134a");"

şeklinde olacaktır. Bundan sonra çeşitli termofiziksel özellikler sabitler ve alt metodlar üzerinden direk olarak çağrılabilir. Bu program üzerinde kullanılan metodlar aşağıda verilmektedir:

a.Psb(t); t (derece C) sıcaklığında kaynamaya başlama basıncı, kPa

a.Psd(t); t (derece C) sıcaklığında kaynama bitiş basıncı, kPa

a.Tsb (ps); ps (kPa) basıncında sıvı kaynama başlama sıcaklığı, derece C

a.Tsd (ps); ps (kPa) basıncında sıvı kaynama bitiş sıcaklığı, derece C

a.rol(t); t (derece C) sıcaklığında sıvı yoğunluğu kg/m3

a.rov(t); t (derece C) sıcaklığında gaz yoğunluğu kg/m3

a.h_l(t); t (derece C) sıcaklığında sıvı entalpisi KJ/kg

a.h_v(t); t (derece C) sıcaklığında gaz entalpisi KJ/kg

a.h_lv(t); t (derece C) sıcaklığında gaz sıvı entalpi farkı, KJ/kg

a.s_l(t); : t (derece C) sıcaklığında sıvı entropisi KJ/kgK

a.s_v(t); : t (derece C) sıcaklığında gaz entropisi KJ/kgK

a.s_lv(t); t (derece C) sıcaklığında gaz-sıvı entropi farkı KJ/kgK

a.viscosity_l(t); t (derece C) sıcaklığında sıvı vizkozite Pas

a.viscosity_v(t); t (derece C) sıcaklığında gaz vizkozite Pas

a.k_l(t); t (derece C) sıcaklığında sıvı ısıl iletkenlik katsayısı KJ/mK

a.k_v(t); KJ/mK : t (derece C) sıcaklığında gaz ısıl iletkenlik katsayısı KJ/mK

a.Cpl(t); KJ/kgK : t (derece C) sıcaklığında sıvı sabit sıcaklıkta özgül ısı KJ/kg K

a.Cpv(t); KJ/kgK: t (derece C) sıcaklığında gaz sabit sıcaklıkta özgül ısı KJ/kg K

a.soundv_l(t); : t (derece C) sıcaklığında sıvı sabit sıcaklıkta ses hızı ı m/s

a.soundv_v(t); : t (derece C) sıcaklığında gaz sabit sıcaklıkta ses hızı ı m/s

Bu programın kullanılmasını sağlayan kullanıcı arayüzü programı olarak ref_CS3_Table.java programı geliştirilmiş ve özellikleri direk olarak kullanmak isteyen kullanıcılar için açık kod olarak sunulmuştur. Şekil 4.7'de ref_CS_Table3.java programının "R134a" soğutucu akışkanı için hesaplanan doyma tablosu verilmiştir:

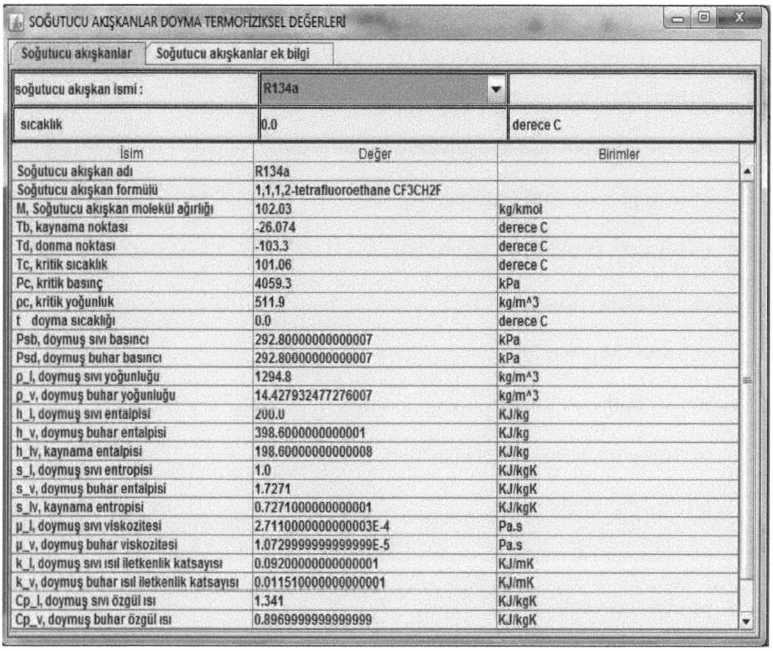

SOĞUTUCU AKIŞKANLAR DOYMA TERMOFİZİKSEL DEĞERLERİ

Soğutucu akışkanlar | Soğutucu akışkanlar ek bilgi

soğutucu akışkan ismi :	R134a	
sıcaklık	0.0	derece C

İsim	Değer	Birimler
Soğutucu akışkan adı	R134a	
Soğutucu akışkan formülü	1,1,1,2-tetrafluoroethane CF3CH2F	
M, Soğutucu akışkan molekül ağırlığı	102.03	kg/kmol
Tb, kaynama noktası	-26.074	derece C
Td, donma noktası	-103.3	derece C
Tc, kritik sıcaklık	101.06	derece C
Pc, kritik basınç	4059.3	kPa
ρc, kritik yoğunluk	511.9	kg/m^3
t doyma sıcaklığı	0.0	derece C
Psb, doymuş sıvı basıncı	292.80000000000007	kPa
Psd, doymuş buhar basıncı	292.80000000000007	kPa
ρ_l, doymuş sıvı yoğunluğu	1294.8	kg/m^3
ρ_v, doymuş buhar yoğunluğu	14.427932477276007	kg/m^3
h_l, doymuş sıvı entalpisi	200.0	KJ/kg
h_v, doymuş buhar entalpisi	398.6000000000001	KJ/kg
h_lv, kaynama entalpisi	198.60000000000008	KJ/kg
s_l, doymuş sıvı entropisi	1.0	KJ/kgK
s_v, doymuş buhar entalpisi	1.7271	KJ/kgK
s_lv, kaynama entropisi	0.7271000000000001	KJ/kgK
μ_l, doymuş sıvı viskozitesi	2.7110000000000003E-4	Pa.s
μ_v, doymuş buhar viskozitesi	1.0729999999999999E-5	Pa.s
k_l, doymuş sıvı ısıl iletkenlik katsayısı	0.09200000000000001	KJ/mK
k_v, doymuş buhar ısıl iletkenlik katsayısı	0.011510000000000001	KJ/mK
Cp_l, doymuş sıvı özgül ısı	1.341	KJ/kgK
Cp_v, doymuş buhar özgül ısı	0.8969999999999999	KJ/kgK

Şekil 4.7 R134a soğutucu akışkanı için ref_CS_Table3.java programında doyma değerlerinin hesaplanması

4.2. Soğutucu Akışkanların Termodinamik Özelliklerinin Sıvı ve Kızgın Buhar Bölgesi için Hesaplanması

4.2.1 refrigerant.java Programı ile Soğutucu Akışkanların Sıvı ve Kızgın Buhar Bölgesinde Termodinamik Özelliklerinin Hesaplanması

Soğutucu akışkanların termodinamik özelliklerini sıvı ve kızgın buhar bölgesinde gerçek gaz hal denklemlerini kullanarak hesaplayan refrigerant.java adı altında java dilinde bir program geliştirilmiştir.

Termodinamik bilimine göre denge halindeki bir akışkanın termodinamik özelliklerini hesaplamak için 2 adet değişkenin bilinmesi gerekir. Geliştirilen refrigerant.java programı soğutucu akışkanların özellikle kızgın buhar bölgesinde termodinamik özelliklerini çeşitli hal denklemleri ile hesaplayan bir programdır. Geliştirilen bu modelde bilinen değişken setleri olarak;

tx : sıcaklık-doymuş karışım kuruluk derecesi

tp veya pt : sıcaklık – basınç

tv veya vt : sıcaklık – özgül hacim

th : sıcaklık – entalpi

tu : sıcaklık – iç enerji

ts : sıcaklık – entropi

pv veya vp : basınç –özgül hacim

ph : basınç – entalpi

pu : basınç – iç enerji

ps : basınç – entropi

px : basınç - doymuş karışım kuruluk derecesi

hesaplanabilmektedir. Programlar java programlama dilinde yazıldığından bir java programında, örnek olarak sıcaklık-doymuş karışım kuruluk derecesi bilinen termodinamik değişkenine bakıldığında;

```
refrigerant st=new refrigerant("R134a");
double sıcaklık=10.0;
double kurulukderecesi=1.0;
double a[]=st.property("tx",sıcaklık, kurulukderecesi);
```

şeklinde çağrılabilir. Sonuçlar a boyutlu değişkenine

a[0] P basınç kPa

a[1] t sıcaklık C

a[2] v özgül hacim m^3/kg

a[3] h entalpi KJ/kg

a[4] u iç enerji KJ/kg

a[5] s entropi KJ/kgK

a[6] x kuruluk derecesi kg vapor/kg total phase

a[7] ro yoğunluk kg/m^3

şeklinde yüklenir. Termodinamik değerlerin kullanılması için refrigerant.java programı tabanlı RefTable.java adlı arayüz programı geliştirilmiştir. Bu ara yüz programının çıktısı değişken setlerine göre örnek olarak R134a soğutucu akışkanı için aşağıdaki şekillerde gösterilmektedir:

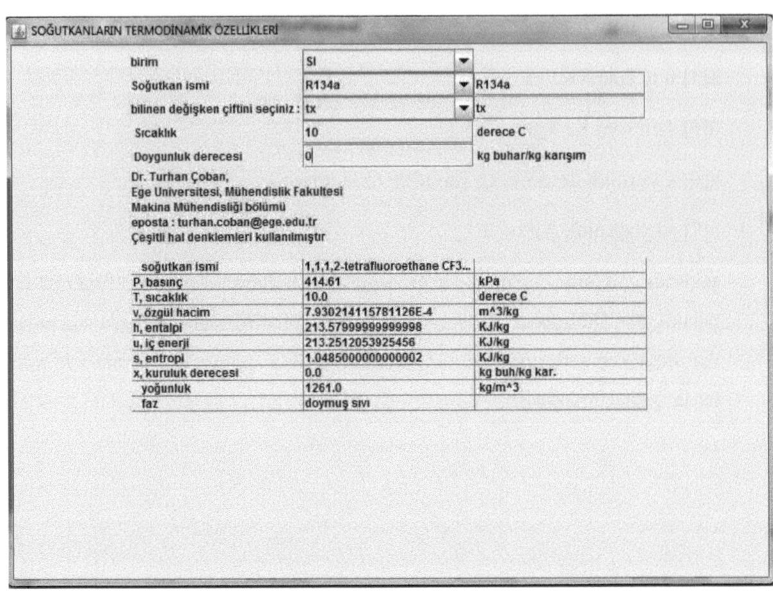

Şekil 4.8 RefTable.java programı tx tablosu (doymuş sıvı)

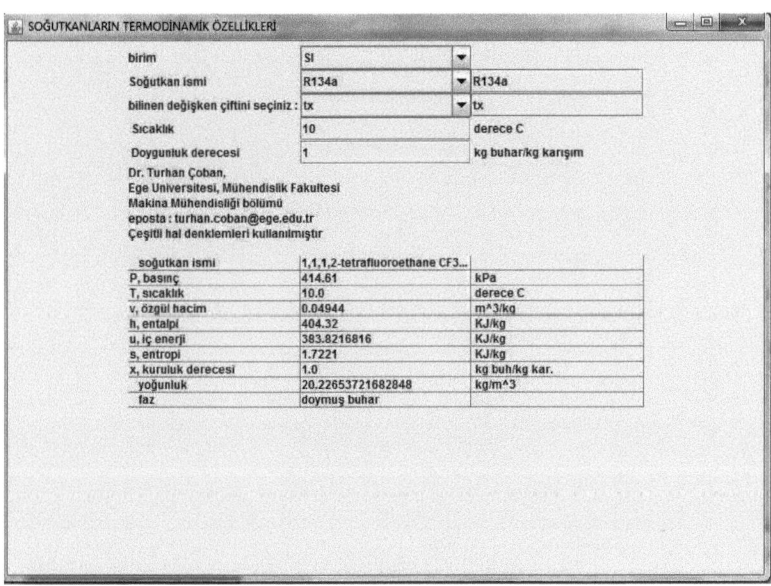

Şekil 4.9 RefTable.java programı tx tablosu (doymuş buhar)

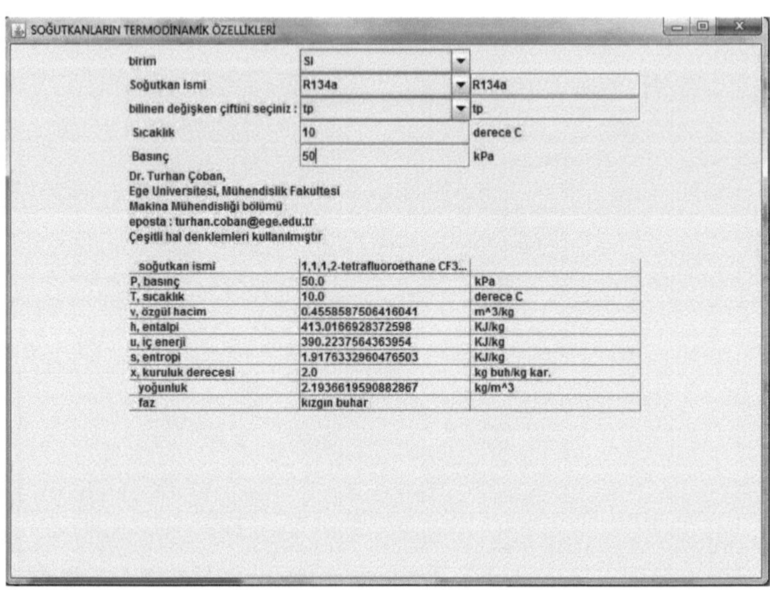

Şekil 4.10 RefTable.java programı tp tablosu (pt tablosu) (kızgın buhar)

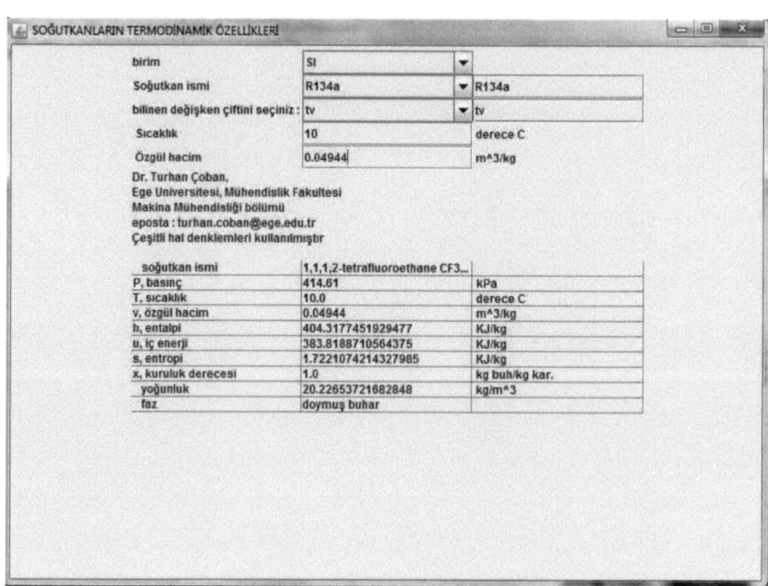

Şekil 4.11 RefTable.java programı tv tablosu (vt tablosu) (doymuş buhar)

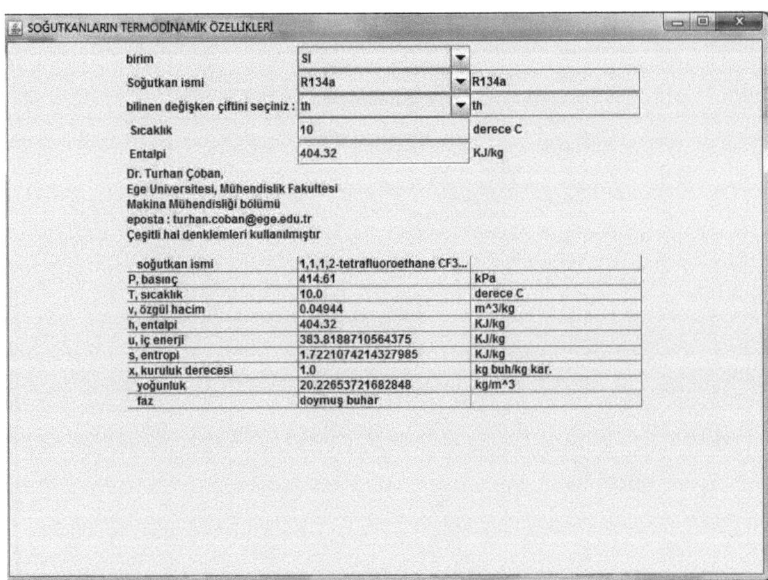

Şekil 4.12 RefTable.java programı th tablosu (doymuş buhar)

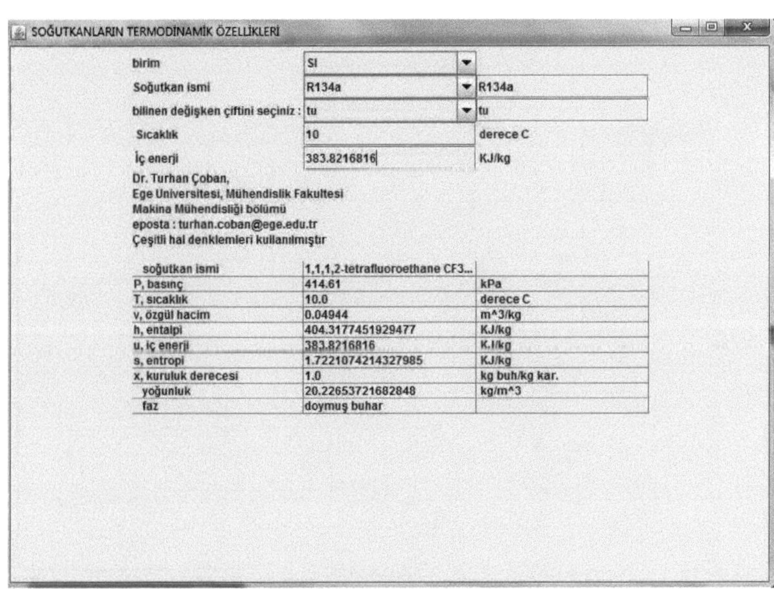

Şekil 4.13 RefTable.java programı tu tablosu (doymuş buhar)

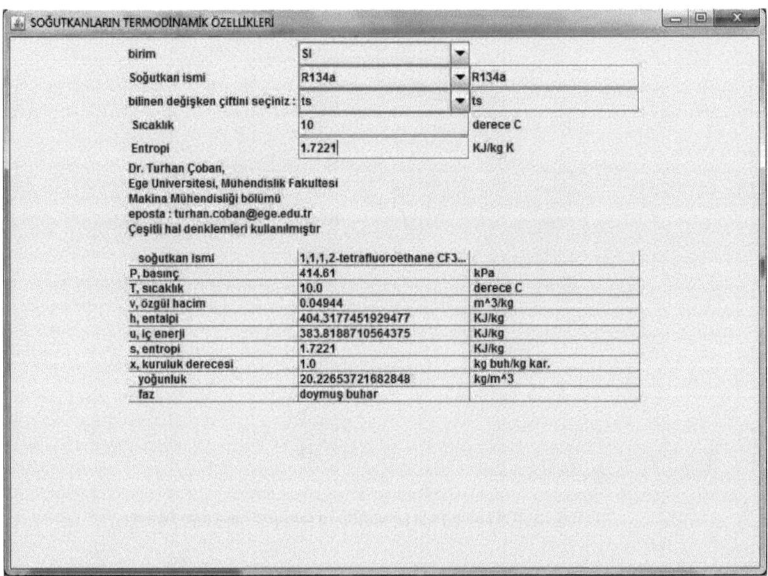

Şekil 4.14 RefTable.java programı ts tablosu (doymuş buhar)

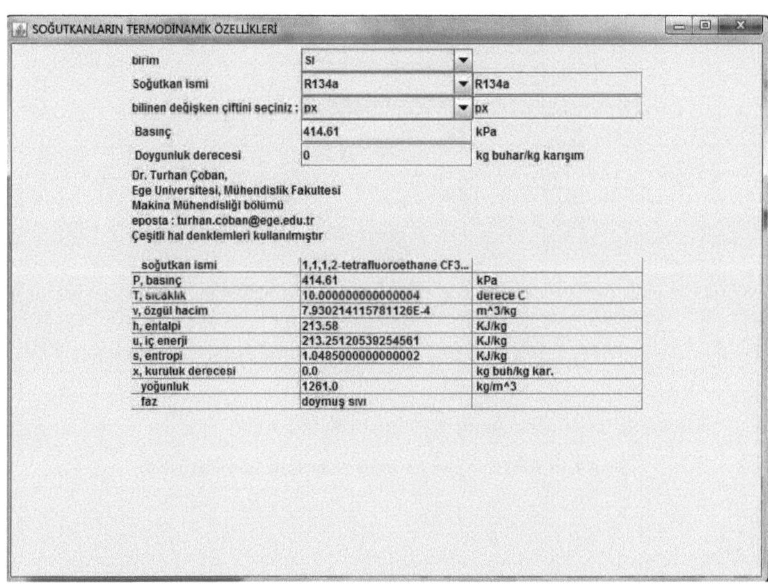

Şekil 4.15 RefTable.java programı px tablosu (doymuş sıvı)

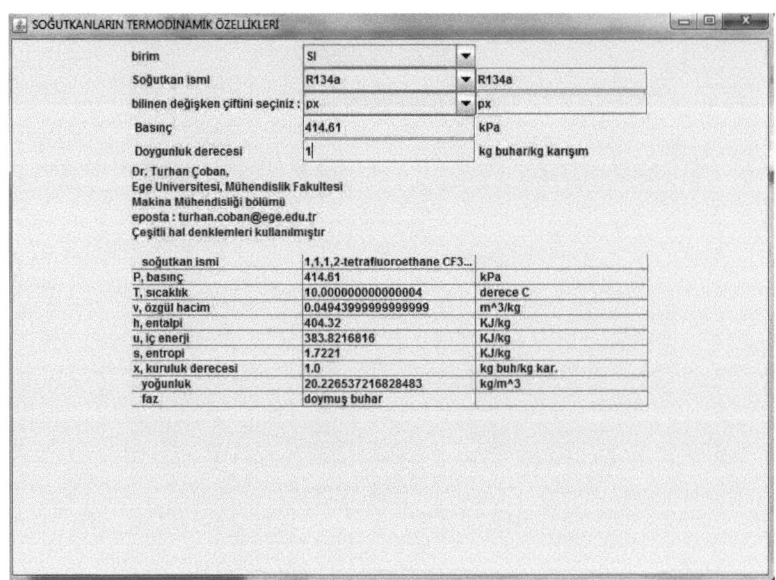

Şekil 4.16 RefTable.java programı px tablosu (doymuş buhar)

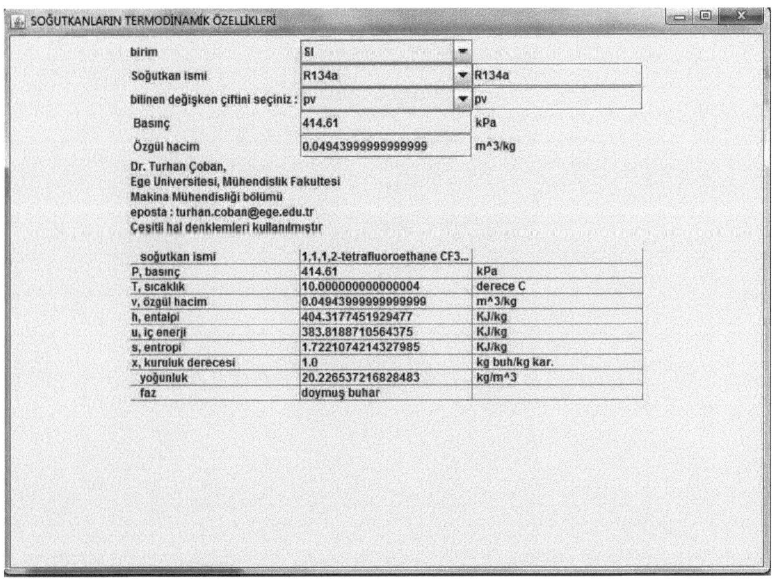

Şekil 4.17 RefTable.java programı pv tablosu (vp tablosu) (doymuş buhar)

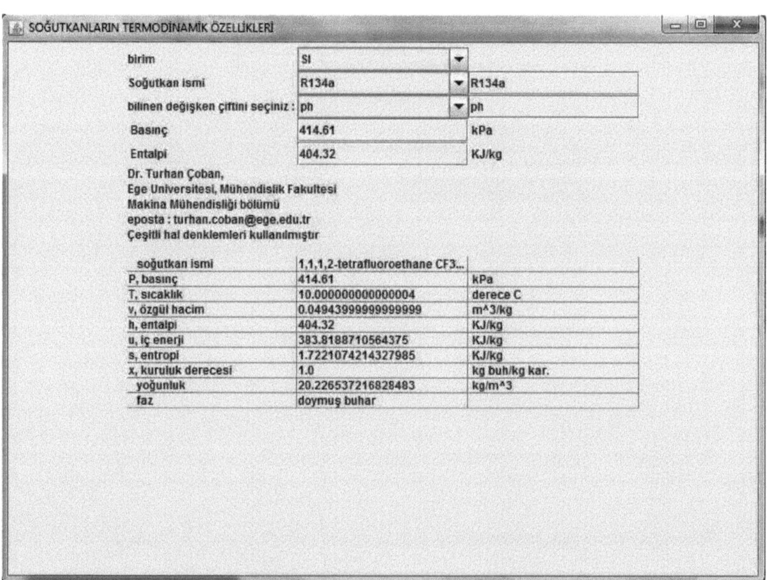

Şekil 4.18 RefTable.java programı ph tablosu (doymuş buhar)

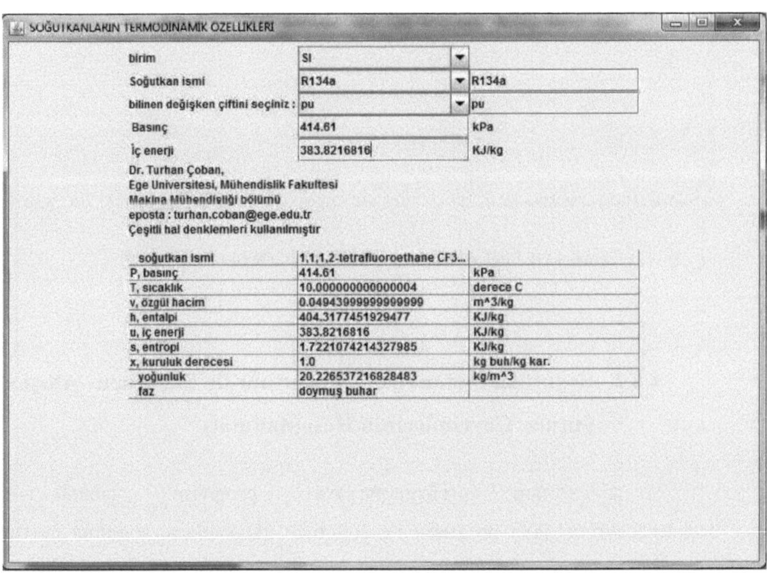

Şekil 4.19 RefTable.java programı pu tablosu (doymuş buhar)

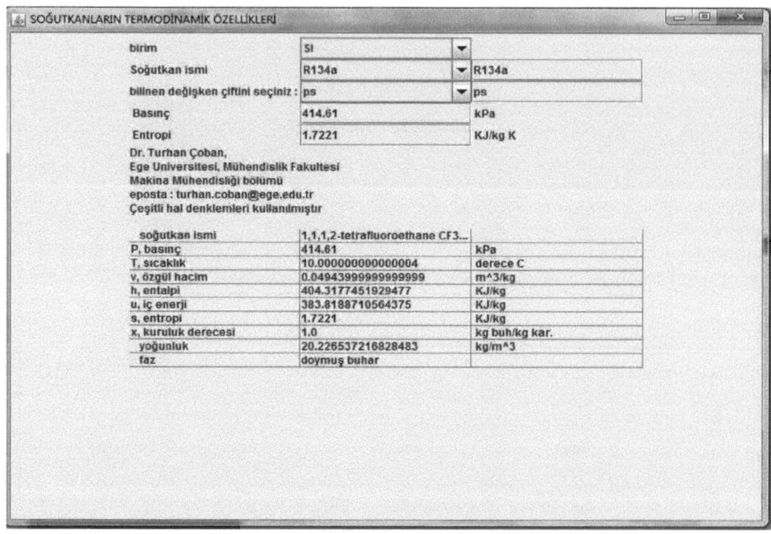

Şekil 4.20 RefTable.java programı ps tablosu (doymuş buhar)

4.2.2 Sogutmacevrimi1.java Programı ile Soğutucu Akışkanların Soğutma Çevrimlerinin Hesaplanması

Geliştirilen refrigerant.java programı tabanlı oluşturulan sogutmacevrimi1.java programı ile soğutucu akışkanların soğutma çevrimleri hesaplanmaktadır ve buna bağlı olarak basınç- entalpi ve sıcak–entropi diyagramları çizilmektedir.

Sogutmacevrimi1.java programının kullanılması için sogutmacevrimiTable1.java adlı arayüz programı geliştirilmiştir. Bu programda; Q_evap, Tevap, dPevap, dTevap, Tcond, dPcond, dTcond, dhgenlesme, T_kompresor_cikti, mekanikverim şeklinde değişkenlere bağlı olarak basınç- entalpi ve sıcaklık- entropi diyagramları çizilmekte ve buharlaşma ısısı, yoğuşma ısısı, buharlaştırıcı çıkışındaki sıcaklık, basınç ve entalpi değerleri, kompresör çıkışındaki sıcaklık, basınç ve entalpi değerleri, yoğuşma ve buharlaşma için COP değerleri, yoğuşturucu çıkışındaki sıcaklık, basınç ve entalpi değerleri benzer şekilde genleşme vanası çıkışındaki sıcaklık, basınç ve entalpi değerleri refrigerant.java programında yer alan gerçek gaz hal denklemleri kullanılarak hesaplanmakta ve tablo halinde verilmektedir.

sogutmacevrimiTable1.java ara yüz programının çıktısı örnek olarak R134a soğutucu akışkanı için aşağıdaki şekillerde gösterilmektedir.

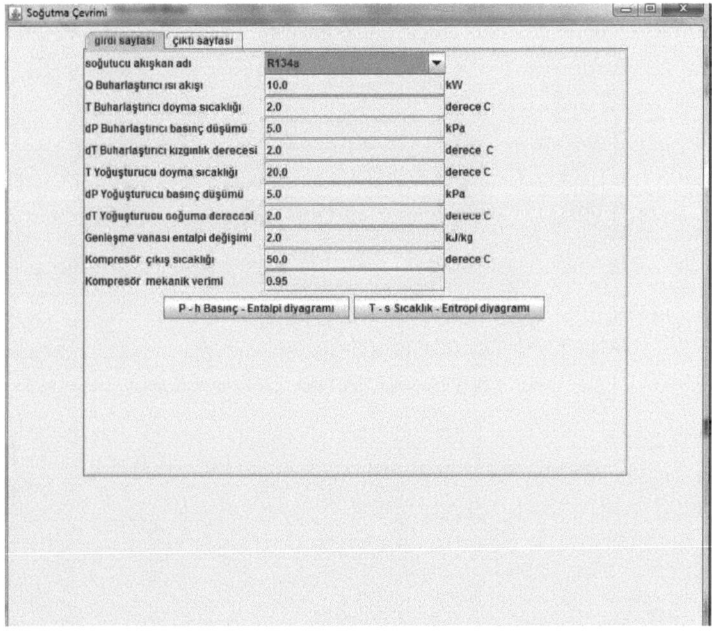

Şekil 4.21 sogutmacevrimiTable1.java programı arayüz çıktısı veri giriş değerleri

girdi sayfası | çıktı sayfası

Dr. Turhan Çoban,
Ege Üniversitesi Mühendislik Fak. Makina Müh.
phone : 90(232)3434000 -5387email : turhan.coban@ege.edu.tr

Özellik	Değer	Birim
Gaz ismi :	Chlorodifluoromethane CHClF2	
m :	0.05338142308849851	kg/s
W kompresör :	1.6124157577949876	kW
Q buharlaşma :	10.0	kW
Q yoğuşma :	11.42503212372824	kW
COP buharlaşma :	6.201874393534339	
COP yoğuşma :	7.085661417345742	
buharlaştırıcı çıkışı T1 :	3.7047160385749827	derece C
buharlaştırıcı çıkışı P1 :	526.1999999999999	kPa
buharlaştırıcı çıkışı h1 :	406.70142449825977	kJ/kg
kompresör çıkışı T2 :	50.0	derece C
kompresör çıkışı P2 :	909.9999999999999	kPa
kompresör çıkışı h2 :	435.3967061389487	kJ/kg
yoğuşturucu çıkışı T3 :	17.80330091239855	derece C
yoğuşturucu çıkışı P3 :	904.9999999999999	kPa
yoğuşturucu çıkışı h3 :	221.3703377375813	kJ/kg
genleşme vanası çıkışı T4 :	1.9753507228965266	derece C
genleşme vanası çıkışı P4 :	530.7826174069103	kPa
genleşme vanası çıkışı h4 :	219.37033773758128	kJ/kg
isentropik kompresör çıkışı T5 :	30.89695076354701	derece C
isentropic kompresör çıkışı P5 :	904.9999999999999	kPa
isentropic kompresör çıkışı h5 :	420.09296947317944	kJ/kg
yoğuşturucu doyma buhar x=1 T...	20.0	derece C
yoğuşturucu doyma buhar x=1 P...	909.9999999999999	kPa
yoğuşturucu doyma buhar x=1 h...	411.7	kJ/kg

Şekil 4.22 sogutmacevrimiTable1.java programı arayüz çıktısı tablo değerleri

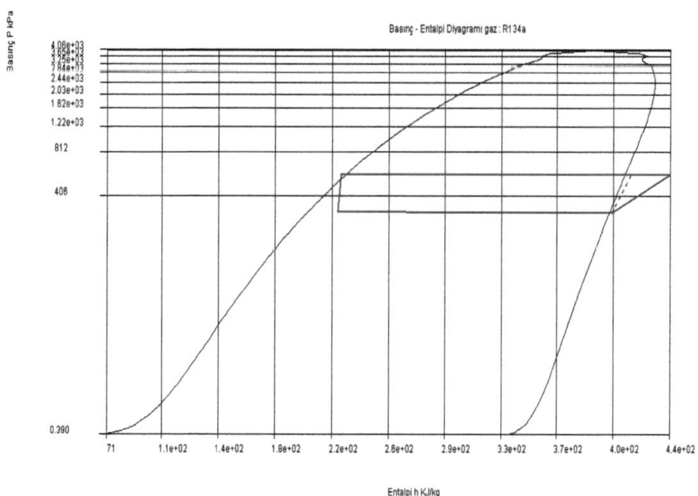

Şekil 4.23 sogutmacevrimiTable1.java programı arayüz çıktısı basınç-entalpi (p-h) diyagramı

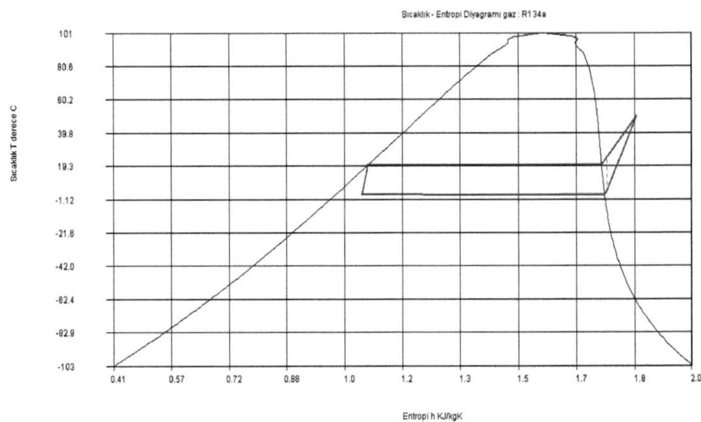

Şekil 4.24 sogutmacevrimiTable1.java programı arayüz çıktısı sıcaklık- entropi(t-s) diyagramı

5. Sonuçlar

Bu çalışmada, soğutucu akışkanların termodinamik ve termofiziksel özellikleri ve çevrimlerinin nasıl hesaplandığı ile ilgili temel tanımlar verilmiş ve örnek olarak R134a soğutucu akışkanının özelliklerinin hesaplanması gösterilmiştir.

Soğutucu akışkanların termodinamik ve termo-fiziksel özellikleri doyma bölgesinde kübik şerit interpolasyonu ile eğri uydurularak hesaplanmıştır.Geliştirilen bu programın adı Ref_CS3.java'dır. Sıvı ve kızgın buhar bölgesinde ise termodinamik özellikler refrigerant.java programında tanımlanan temel termodinamik bağıntılar ve gerçek gaz hal denklemleri kullanılarak hesaplanmıştır. Soğutucu akışkanların çevrimleri ise refrigerant.java programı esas alınarak geliştirilen sogutmacevrimi.java programı ile hesaplanmıştır.

refrigerant.java programında tanımlanan gerçek gaz hal denklemlerinin sonuçları, soğtucu akışkanların tablo değerleri ile kıyaslandığında her bir gerçek gaz hal denklemi ile ilgili hata oranları hakkında şunlar söylenebilir:

Geliştirilen bu programda gerçek gaz denklemleri içerisinde hata oranı en düşük olan hal denklemleri R744, R32, R123, R125, R134a, R143a, R152a, R404A, R407C, R410A ve R507A gibi soğutucu akışkanların özelliklerinin hesaplanmasını sağlayan ISO17584:2005 hal denklemi, R718 ve R717 soğutucu akışkanlarının özelliklerinin hesaplanmasını sağlayan Helmholtz hal denklemi ve R12 ile R22 soğutucu akışkanlarının özelliklerini hesaplayan Japon Soğutma Derneği hal denklemidir. ISO17584:2005 hal denklemi, Helmholtz hal denklemi ve Japon soğutma derneği hale denklemine göre hassasiyeti daha düşük olan Benedict Webb Rubin hal denklemi R50, R124, R702, R720, R728, R732, R740, R1150 ve R1270 soğutucu akışkanların özelliklerinin hesaplanmasını sağlamaktadır. Benedict Webb Rubin hal denklemi aslında çok hassas bir hal denklemidir , fakat hata oranının diğer üç hal denklemine göre biraz yüksek olmasının sebebi; bu hal denkleminin geliştirilen programda ağırlıklı olarak kriyojenik gazların hesaplanmasında kullanılması olarak gösterilebilir. R401A, R401B, R402A ve R402B soğutucu akışkanlarının özelliklerini hesaplanmada kullanılan Peng-Robinson-Strajek–Vera hal denklemi de aşağı yukarı Benedict-Webb –Rubin hal denklemi ile aynı hata oranına sahiptir. refrigerant.java programında kullanılan ve diğer hal denklemlerine göre hata oranı daha yüksek olan Martin-Hou hal denklemi ise R23, R142b ve R508B soğutucu akışkanlarının özelliklerinin hesaplanmasını sağlamaktadır. Yine diğer hal denklemlerine göre hata oranı yüksek olan bir diğer hal denklemi de R.D. Goodwin tarafından geliştirilen hal denklemidir. Bu hal denklemi de programımızda R170, R290, R600 ve R600a soğutucu akışkanların özelliklerinin hesaplanmasını sağlamaktadır.

6.Öneriler

Termodinamik özelliklerin bilgisayar ortamında kolay kullanım olanaklarıyla hazır bulunması, ısıl proses hesaplarının yapılmasında büyük kolaylıklar getirecek ve sayısal proses optimizasyonunun yapılmasını sağlayacaktır. Bu da enerji verimi yüksek sistemler dizayn etmek için temel koşullardan birini oluşturmaktadır.

Geliştirilen bu programa ilave olarak amonyak- su ve lityumbromür-su karışımlarının termodinamik özelliklerini hesaplayan formüller girilerek bu karışımların özellikleri hesaplanabilir. Böylece bu programın absorpsiyonlu soğutma sistemleri için de kullanılabilir hale getirilebilir.

Geliştirilen bu programlarda kök bulma yöntemi olarak Newton-Raphson ve Brent Metodları kullanılmıştır. 4.1.2 bölümünde belirtilen diğer kök bulma yöntemleri kullanılarak aynı hesaplamalar yapılabilir.

Bu çalışma kapsamında geliştirmiş olduüğumuz bu simülasyon programları, www.turhancoban.com internet sitesinde yer alan programlar bölümünde aktif olarak bulunmaktadır.

KAYNAKLAR DİZİNİ

Stewart Richard B., Jacobsen, Richard T., Penoncello, Steven G. Ashrae Thermodynamic Properties of Refrigerants

Çengel, Yunus, Boles, Michael Thermodynamics An Engineering Approach, 5th ed., McGraw- Hill.

Refrigeration Equipment, 1998, A.C. Bryant, ISBN: 0750636882, Elsevier Science &Technology Books,

Air Conditioning Engineering, 2001, W. P. Jones, ISBN: 0750650745,

White, Frank, Fluid Mechanics , White, Frank, M. , Mc Graw Hill

Çoban , M. Turhan, 2008, "Kübik şerit ve B şerit interpolasyon yöntemi kullanarak soğutucu akışkanların doyma termofiziksel özelliklerinin hassas olarak oluşturulması", I Soğutma Teknolojileri Sempozyumu bildiri kitabı, ISBN : 978-605-5771-00-3

Çoban, M. Turhan, Soğutucu akışkanların termodinamik özellikleri, Martin-Hou hal denklemi, III. Ege Enerji Sempozyumu, Bildiriler Kitabı, Muğla Üniversitesi, Muğla, sayfa 521-528

Benedict, M. , Webb, G. B. and Rubin, L. C. , 1940, "An Emperical Equation for Thermodynamic properties of Light Hydrocarbons and Their Mixtures, J. Chem. Phys., 8. 334-345

Goodwin, R. D. , Roder, H. M. and Straty , G. C. , 1976, Thermodynamic Properties of Ethane from 90 to 600 K at Pressures to 700 Bar , National Bureau of Standards, Technical Note 684

Goodwin, R. D. , 1977, Provisional Thermodynamic Functions of Propane from 85 to 700 K at Pressures to 700 Bar, National Bureau of Standards , NBSIR 77-860

Ashrae, 2000, HVAC Systems and Equipment Handbook

KAYNAKLAR DİZİNİ(Devamı)

Lemmon, E. W. –M. O. MCLinden and M. L. Huber, 2002, NIST Standard Reference Databases 23, NIST Reference Fluid Thermodynamic and Transport Properties- REFPROP. Version 7.0 Standard Reference Data Program, National Insitute of Standards and Technology, Gaithersburg. MD.

MCLinden, M. O. ,S. A. Klein, E. W. Lemmon and A. P. Peskin, 2000, NIST Standard Reference Database 23. Thermodynamic and Transport Properties of Refrigerants and Refrigerant Mixtures- REFPROP, Version 6.10. Standard Reference Data Program , National Institute of Standards and Technology, Gaithersburg, MD.

W. P. Jones, Air Conditioning Engineering Fifth Edition Thermophysical Properties of Refrigerants.

Lemmon, E.W. and Jacobsen, R.T. , Equations of Stat efor Mixtures of R32, R125, R134a, R143a and R152a, J. Phys. Chem. Ref. Data (in press)

Outcalt, S. L. and MCLinden, 1996, M. O. A Modified Benedict- Webb- Rubin Equation of State for the Thermodynamic Properties of R152a (1, 1- difluoroethane) , J. Phys. Chem. Ref. Data, 25 , pp. 605-636

Span, R. and Wagner, W. A, 1996, New Equation of State for Carbon dioxide Covering the Fluid Region From the Triple- Point Temperature to 1100 K at Pressures up to 800 MPa , J. Phys. Chem. Ref. Data 26 pp. 1509-1596

Tillner-Roth, R. and Baehr, H. D. , 1994, An International Standard Formulation of the Thermodynamic Properties of 1, 1, 1, 2 –Tetrafluoroethane (HFC R134a) Covering Temperatures From 170 K to 455 K at Pressures up to 70 MPa , J. Phys. Chem. Ref. Data, 23 , pp. 657- 729

Younglove , B. A. and MCLinden, M. O. ,1994, An International Standard Equation of State Formulation of the Thermodynamic Properties of Refrigerant R123 (2, 2-dichloro – 1, 1, 1 – Tetrafluoroethane), J. Phys. Chem. Ref. Data, 23 pp. 731- 779

International standard ISO 17584, refrigerant properties, reference number: ISO17584:2005(E)

KAYNAKLAR DİZİNİ(Devamı)

E.W. Lemmon, M.L. Huber, M.O. McLinden, NIST Standard Reference Database 23: Reference Fluid Thermodynamic and Transport Properties e REFPROP, Version 9.0. National Institute of Standards and Technology, Standard Reference Data Program, Gaithersburg (2010)

Goodwin, R. D. , 1979, Normal Butane: Provisional Thermodtynamic Functions from 135 to 700 K at Pressures to 700 Bar , National Bureau of Standards , NBSIR 79-1621

Goodwin, R. D. , 1979, Isobutane: Provisional Thermodynamic Functions from 114 to 700 K at Pressures to 700 Bar ,National Bureau of Standards, NBSIR 79-1612

Lester Hear and John S. Gallagher , 1978, "Thermodynamic Properties of Ammonia" J. Phys. Chem. Ref. Data, Vol. 7, No. 3 635-792 .

Çoban ,M. Turhan, Sayısal Metodların Soğutma Dünyasına uygulanması: Soğutucu akışkanların termodinamik özellikleri, değiştirilmiş Benedict- Webb-Rubin hal denklemi.Soğutma Dünyası ISSN 1304-1908

Onat Ayhan, Bulgurcu Hüseyin, Mollahüseyinoğlu Özlem; Farklı Buharlaşma Sıcaklıklarına Göre R22 ve Alternatifi Olan Soğutucu Akışkanların Karşılaştırılması

ÖZGEÇMİŞ

Halil Atalay 1984 yılında Gemlik'te doğdu. İlköğrenimini Umurbey Abdullah Fehmi İlköğretim okulunda tamamladı. 2002 yılında Gemlik Lisesi'nden (y.d.a) mezun oldu. 2006 yılında Afyon Kocatepe Üniversitesi Uşak Mühendislik Fakültesi Makine Mühendisliği Bölümü'nü bölüm 1.'si fakülte 2.'si olarak tamamladı. 2007 yılında askerlik hizmetini Sahil Güvenlik İzmir Ege Deniz Bölge Komutanlığı'nda tamamladı. 2008 yılında Ege Üniversitesi Mühendislik Fakültesi Makine Mühendisliği Bölümü Enerji Bilim Dalı'nda yüksek lisans eğitimine başlamış ve 2011 yılında mezun olmuştur. Sarten Ambalaj Sanayi ve Ticaret A.Ş. firmasında Ar-Ge Proje Uzmanı olarak çalışmış, TEYDEB ve TTGV destek programları ağırklıklı olmak üzere bu tarz destek programları ile ilgili proje yazım ve sürdürme çalışmalarını gerçekleştirmiştir. 2011 yılından itibaren Bozok Üniversitesi Mühendislik Mimarlık Fakültesi Makine Mühendisliği Bölümü'nde Öğretim Görevlisi olarak çalışmakta olup Yıldız Teknik Üniversitesi Makine Fakültesi Makine Mühendisliği Bölümü Isı-Proses Anabilim Dalı'nda doktora eğitimine devam etmektedir.

Printed by Books on Demand GmbH, Norderstedt / Germany